"十三五"国家重点图书出版规划项目

画说散养蛋鸡养殖技术

中国农业科学院组织编写

谢实勇　王凤山　主编

U0349630

![中国农业科学技术出版社]中国农业科学技术出版社

图书在版编目（CIP）数据

画说散养蛋鸡养殖技术 / 谢实勇，王凤山主编 .—北京：
中国农业科学技术出版社，2017.9

ISBN 978-7-5116-3162-6

Ⅰ.①画…　Ⅱ.①谢…②王…　Ⅲ.①卵用鸡 – 饲养
管理 – 图解　Ⅳ.①S831.4-64

中国版本图书馆 CIP 数据核字（2017）第 153408 号

责任编辑　崔改泵
责任校对　李向荣

出 版 者　中国农业科学技术出版社
　　　　　北京市中关村南大街 12 号　邮编：100081
电　　话　（010）82109194（编辑室）（010）82109704（发行部）
　　　　　（010）82109703（读者服务部）
传　　真　（010）82106650
网　　址　http://www.castp.cn
经 销 者　各地新华书店
印 刷 者　北京地大天成印务有限公司
开　　本　880mm×1230mm　1 /32
印　　张　5.5
字　　数　138 千字
版　　次　2017 年 9 月第 1 版　2017 年 9 月第 1 次印刷
定　　价　28.80 元

序言

《画说『三农』书系》

让农业成为有奔头的产业，让农村成为幸福生活的美好家园，让农民过上幸福美满的日子，是习近平总书记的"三农梦"，也是中国农民的梦。

农民是农业生产的主体，是农村建设的主人，是"三农"问题的根本。给农业插上科技的翅膀，用现代科学技术知识武装农民头脑，培育亿万新型职业农民，是深化农村改革、加快城乡一体化发展、全面建成小康社会的重要途径。

中国农业科学院是中央级综合性农业科研机构，致力于解决我国农业战略性、全局性、关键性、基础性科技问题。在新的历史时期，根据党中央部署，坚持"顶天立地"的指导思想，组织实施"科技创新工程"，加强农业科技创新和共性关键技术攻关，加快科技成果的转化应用和集成推广，在农业部的领导下，牵头组建国家农业科技创新联盟，联合各级农业科研院所、高校、企业和农业生产组织，建立起更大范围协同创新的科研机制，共同推动农业科技进步和现代农业发展。

组织编写《画说"三农"书系》，是中国农业科学院在新时期加快普及现代农业科技知识，帮助农民职业化发展的重要举措。我们在全国范围遴选优秀专家，组织编写农民朋友喜欢看、用得上的系列图书，图文并貌展示最新的实用农业科技知识，希望能为农民朋友充实自我、发展农业、建设农村牵线搭桥、做出贡献。

中国农业科学院党组书记　陈萌山

2016 年 1 月 1 日

前言

《画说散养蛋鸡养殖技术》

散养地方品种鸡在不同地方的称谓不同。在华北地区称之为柴鸡，在南方称之为土鸡，有些地区称之为笨鸡。虽然称呼不同，但散养的鸡大多是地方品种。通常情况下大家从市场中购买的鸡蛋和鸡肉，都是鸡在集约化养殖场中应激状态下生产的鸡蛋和鸡肉。随着人们生活水平的提高，人们对于健康绿色食品的需求量也越来越大，"柴鸡"的养殖经历了一家一户从几只到几十只散养，发展到现在成千上万只的规模化养殖。生产者也为了满足不同消费者的需求，提高散养鸡的经济效益，开展了品种间的杂交，出现了生产粉壳蛋、白壳蛋、褐壳蛋和绿壳蛋的"柴鸡"，还有部分农户直接散养国外引进的高产品种的鸡。因此"柴鸡"和"柴鸡蛋"的称谓很笼统，已经不再是传统意义上的"柴鸡"和"柴鸡蛋"了，称之为"散养蛋鸡"和"散养鸡蛋"更为科学合理。散养蛋鸡养殖有以下特点。

（1）鸡生活在适宜的环境中。饲养者要按照鸡的生活习性，提供有利于鸡健康和"心情愉快"的生活环境条件。如有足够的运动场所，能够自由活动；在自然环境中，享受日光浴；夜间在喜欢的栖架上休息；能够自由采食原粮、原粮的副产品以及青绿饲料；能够在松软的沙土里进行沙浴；在安静舒适的产蛋箱内产蛋等。

（2）采食营养丰富的日粮。根据鸡只的不同生理阶段和对营养的需求，以及消费者对鸡蛋和鸡肉品质的需要，科学地划分养殖阶段，并合理供给散养蛋鸡的日粮。

①散养公鸡。育雏阶段（0~45日龄）饲喂全价日粮。育成阶段（46~105日龄）：不出售时饲喂全价日粮；出售童子鸡时用原粮及其副产品辅以青绿饲料或优质牧草，或者饲喂方式是柴鸡饲料辅以青绿饲料或优质牧草。成年阶段（106日龄以上）：饲喂原粮及其副产品，辅以青绿饲料或优质牧草，或者饲喂柴鸡饲料辅以青绿饲料或优质牧草。

②散养母鸡。育雏阶段（0~45日龄）饲喂全价日粮。育成阶段（46~105日龄）饲喂全价日粮。产蛋期（106~500日龄）饲喂原粮及其副产品，辅以青绿饲料或优质牧草，或者饲喂柴鸡饲料辅以青绿饲料或优质牧草。

（3）寄生虫病多发。在笼养条件下鸡不易发生寄生虫病，即使发生寄生虫病也容易控制和治疗，但在散养条件下寄生虫病流行普遍而且严重。经常发生寄生虫病，如蛔虫病、球虫病、螨虫病、异次线虫病和组织滴虫病等。这是因为散养蛋鸡生活的环境不容易控制传染源、粪便污染以及不当的管理，造成了寄生虫病广泛的流行和传播，因此要制定科学合理的预防控制措施。

（4）产蛋率较低。散养蛋鸡受自然环境的影响严重，尤其在寒冷的冬季和暑热的夏季产蛋率下降更为明显，北京有些地区散养蛋鸡全年平均产蛋率仅为 30%~40%。

（5）鸡蛋和鸡肉品质优良。散养蛋鸡生产的鸡蛋和鸡肉，营养丰富，味道鲜美，口感好。

为帮助养殖户提高散养蛋鸡生产水平，在生产实践的基础上，总结了散养蛋鸡养殖技术和经验，编写了本书。由于参加编写的人员经验不足、水平有限，书中纰漏和不足之处在所难免，诚恳希望读者和专家们提出宝贵意见。

编者

2017 年 6 月

Contents 目 录

第一章

散养蛋鸡常见品种

一、海兰灰

海兰灰鸡是我国从外国引进的粉壳蛋鸡品种（图1-1）。海兰灰的父本与海兰褐鸡父本为同一父本，母本为白来航，单冠，耳叶白色，全身羽毛白色，皮肤、喙和胫的颜色均为黄色，体型轻小清秀。海兰灰的商品代初生雏鸡全身绒毛为鹅黄色，有小黑点成点状分布

图1-1　海兰灰

全身，可以通过羽速鉴别雌雄。成年母鸡体重2.0千克左右，72周产蛋300枚。由于海兰灰生产性能高，蛋型小，蛋色粉色这些优点，目前有许多养殖户将海兰灰母鸡和其他品种的鸡混在一起饲养，既提高了产蛋率，又增加了经济效益。

二、绿壳蛋鸡

绿壳蛋鸡因产绿壳蛋而得名，目前北京地区共有四种绿壳蛋鸡，即黑羽绿壳蛋鸡、黄羽绿壳蛋鸡、白羽绿壳蛋鸡和黄白羽绿壳蛋鸡（图1-2）。该鸡种抗病力强，有较强的适应性，喜食青草菜

（a）黑羽绿壳蛋鸡公鸡　　　　　　（b）黑羽绿壳蛋鸡母鸡

（c）黄羽绿壳蛋鸡母鸡　　　　　　（d）黄羽绿壳蛋鸡公鸡

（e）黑、白、黄羽绿壳蛋鸡混养　　（f）黑、白、黄羽绿壳蛋鸡混养

图1-2　绿壳蛋鸡

叶，饲养管理和疫病防治同普通家鸡没有太大区别。绿壳蛋鸡体形较小，结实紧凑，行动敏捷，匀称秀丽，成年公鸡体重 1.5~2.3 千克，母鸡体重 1.4~1.6 千克。性成熟较早，但产蛋量不太高，年产蛋 160~180 枚，另外就巢现象较严重。该鸡种具有明显高于普通家鸡抗御环境变化的能力，适合散养的养殖方式。

三、黑凤乌鸡

性情温柔，喜群居，舍养、散养、笼养均可。该鸡就巢性强，每产 20 枚蛋就抱窝，要适时醒抱，以提高产蛋率。黑凤乌鸡抗病力强，育雏成活率达 95%。早期生长速度快，商品鸡 90 日可出售。成年公鸡体重 1.25~2.0 千克，成年母鸡体重 1.0~1.5 千克。蛋鸡 180 日龄开产，年平均产蛋 180 枚左右，蛋壳多为棕褐色，少数为白色，平均蛋重 40 克。

四、矮脚鸡

全称是"农大褐 3 号"矮小型蛋鸡，它是中国农业大学动物科技学院推出的配套品系，商品代鸡可根据羽速自别雌雄，快羽类型的雏鸡都是母鸡，而所有慢羽雏鸡都是公鸡。成年鸡体重 1.55~1.65 千克，料蛋比为（2.0~2.1）∶1，72 周平均产蛋数可达 282 枚，平均蛋重约 53 克。矮脚鸡的饲养管理特点：首先，不能与普通蛋鸡混养，否则容易造成采食不足而生长发育不良。也不要限制饲喂，管理要细致，勤添料，根据鸡的发育情况，适当分群。其次，如果育成鸡的体重没有达到标准，应推迟增加光照刺激开产。产蛋期正常的日采食量为 85~90 克，若低于这一水平，有可能营养供应不足，应采取措施促进鸡只采食。该品种采食量少，饲养成本低。蛋壳颜色为粉壳蛋，受市场欢迎，但淘汰鸡体重偏低。

五、芦花鸡

芦花公鸡羽毛颜色发白黑色浅，母鸡羽毛颜色较深黑色重

（图 1-3）公鸡体重 2.0~2.5 千克，母鸡 1.5~1.7 千克。性成熟 150~180 天，年产蛋数可达 180 枚左右，平均蛋重约 45 克，蛋壳为粉色，少数为白色。芦花鸡食物广、抗病能力强、成活率高、喜群居，适合散养。生长较快，肉质好，鸡肉深受市场欢迎。

（a）芦花公鸡　　　　　　　　　　（b）芦花母鸡

图 1-3　芦花鸡

六、华北柴鸡

华北柴鸡头尾上翘，羽毛紧凑，羽色有深麻、浅麻、黑色、浅花，偶尔也有白色和其他一些杂色羽毛，其中以深麻、浅麻为主，体形清秀。冠为单冠，形状大小中等，厚实、直立。脸、耳叶均为红色，胫上无毛，颜色有青色和白色两种，皮肤为白色（图 1-4）。成年母鸡体重 1.5 千克左右，公鸡体重 2.5 千克左右。华北柴鸡习性活泼，觅食性强，适合散养。鸡蛋颜色为浅粉色，蛋形较长，小头较尖，蛋重较小，一般开产蛋重 33 克左右，高峰后蛋重 45 克左右，蛋清黏稠，蛋黄为杏黄色，颜色较深，卵黄膜韧性较强，一般打开后可用筷子夹起蛋黄不散。华北柴鸡口感好，肉质细嫩、鲜美，深受广大消费者青睐。

（a）华北柴鸡公鸡

（b）华北柴鸡母鸡

图1-4 华北柴鸡

七、北京油鸡

北京油鸡属于肉用型品种，产于北京郊区（图1-5）。根据体形和毛色可以分为黄色油鸡和红褐色油鸡两个类型。

（a）北京油鸡公鸡

（b）北京油鸡母鸡

图1-5 北京油鸡

1.黄色油鸡

羽毛浅黄色，主、副翼羽颜色较深，尾羽为黑色。单冠，并多褶皱呈"S"形，头小，冠毛少或无，有胫毛，耳叶红色。体重较大，公鸡2.5~3.0千克，母鸡2.0~2.5千克。成熟期晚，年产蛋量120个左右，蛋重60克。

2. 红褐色油鸡

羽毛红褐色，公鸡羽毛尤为美丽，灿烂发光；母鸡毛色较暗。单冠，冠毛特别发达，常将眼的视线遮住。胫毛亦很发达。公鸡体重2.0~2.5千克，母鸡1.5~2.0千克。蛋重约59克，蛋壳深褐色。成熟期晚，肉质优良。

八、贵妃鸡

贵妃鸡，又名贵妇鸡，头长凤冠，黑白花羽毛，天生丽质，被英国皇室定名为"贵妃鸡"，其集观赏、美食、滋补于一身（图1-6）。成年公鸡体重约1.5~1.8千克，母鸡约1.25千克。180日龄开始产蛋，每只母鸡年产蛋170~180枚，蛋重约38克。雏鸡成活率高，可达到95%以上。生长快，公鸡饲养3个月体重1.5千克，即可上市。贵妃鸡肉质细嫩，油而不腻，营养丰富，

图1-6 贵妃鸡

含有人体所需的17种氨基酸、10多种微量元素和多种维生素。饲养方式可放养、笼养和散养，每平方米养8只，其性情温和，适合规模化养殖和家庭饲养。

第二章

鸡舍建设

第一节　散养蛋鸡鸡舍建设

一、场址选择的原则

生产经营方便，交通便利，防疫条件好，建设投资少，不受环境的污染，也不能污染环境。

二、场址选择依据的条件

1. 水电供应条件

选择场址时要考虑水的供应，要保证散养蛋鸡的饮用水，在夏季高温季节散养蛋鸡不能断水，另外鸡舍和设备清洗消毒等也要消耗大量的水。养殖场最好有自来水或自备井以保证供水，异地运输水在夏天暴雨和冬天冰雪封路时会带来很大困难，另外运输和贮存水会增加散养蛋鸡的养殖成本，加大工作人员的劳动强度。供给饮用的水质要符合国家畜禽饮用水的标准。

饲养散养蛋鸡离不开电的供应，人工补充光照是蛋鸡高产必备的条件之一。自然光照达不到 16 小时时，需要人工补充光照，尤其在冬季日照时间短，人工光照补充的时间长。另外，加工饲料时也需要用电，所以散养蛋鸡场最好能有动力电。

2.交通条件

选择场址时要充分考虑交通问题，方便的交通会给运输带来便利，因此要有连接公路的道路，场门要足够宽大便于车辆出入。但考虑到防疫饲养场最好远离运输干线。

3.地质土壤条件

场地土壤透气性和渗水性良好，场区地面有一定的坡度便于排水，或者人工设计排水沟，保证雨天不形成水坑泥塘。丘陵地带建造鸡舍时要选择背风向阳地势较高的地方，鸡舍能得到充足的阳光，夏季通风良好，冬天挡风有利于保温。

4.水文气象条件

水文气象资料包括气温的变化情况，夏季最高温度和持续的时间，冬季最低温度和持续的天数，年度平均降水量以及主导的风向和频率。根据这些信息决定建造鸡舍墙壁的厚度，设计通风窗口的大小、多少及位置，从建筑结构来解决冬季的保暖和夏季的防暑问题。

三、鸡舍建设要求

1.建造鸡舍原则

背风向阳、地势高燥、冬暖夏凉、因地制宜、经济实用。

2.鸡舍朝向

鸡舍建设时要根据气候条件、地理位置确定建筑的朝向，建造的鸡舍要满足温度、通风和日照的要求，北方鸡舍朝南略偏西，南方鸡舍以朝南略偏东为好。

3.育雏舍建设

育雏舍以保温为主，吊天花板，墙壁最好挂白灰室内洁净明亮，地面为水泥地面便于清洗消毒，提前预留好排水口，便于污水

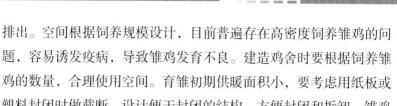

排出。空间根据饲养规模设计，目前普遍存在高密度饲养雏鸡的问题，容易诱发疫病，导致雏鸡发育不良。建造鸡舍时要根据饲养雏鸡的数量，合理使用空间。育雏初期供暖面积小，要考虑用纸板或塑料封闭时做截断，设计便于封闭的结构，方便封闭和拆卸。雏鸡舍内要有自来水。门窗要以保温为主，便于通风和除湿。有条件的可以设计清理粪便的窗口，与鸡舍地面平开窗口，大小方便清理鸡粪即可，育雏期间将清粪的窗口封闭，仅在清粪时打开。

4. 育成舍建设

育成鸡舍要安装栖架，鸡舍门窗要大保证通风良好，鸡舍死角的栖架要能拆卸，便于人到达死角，疏散扎堆鸡。大群饲养时育成舍要分成几个区域，以 500 只为一个区域建造单独的圈舍或者用隔离网分割较大的育成舍。地面以水泥地面为好，便于清理粪便。

5. 产蛋鸡舍建设

产蛋鸡鸡舍要安装栖架。合理使用空间，但饲养密度不能太大。鸡舍冬季要保温，必要时能给鸡舍供温，农村可以建土炕、火墙等；夏季防暑，要有足够数量的窗户便于通风，可以设计天窗、地窗（与鸡舍地面平行向上开口）。按照散养蛋鸡

补充光照强度安装灯泡，便于鸡舍补光。冬季气候寒冷可以将产蛋箱放置在蛋鸡舍内，注意夜间不能让鸡在产蛋箱内过夜，因为过夜鸡的粪便会污染鸡蛋，可以根据产蛋箱的结构设计避免鸡过夜的装置，夏季要将产蛋箱移出鸡舍内。为了防暑可以将鸡舍建成花墙（承重墙除外），夏季将花墙内的砖抽出来以利于通风，冬季再将砖堵死用泥封严以利于保温。

第二节　散养蛋鸡的养殖方式

一、发酵床养鸡

1. 大棚地面做发酵床饲养散养蛋鸡（图2-1）

图2-1　大棚发酵床养鸡

2. 制作发酵床步骤

第一层：地面上铺稻壳10厘米厚，然后撒干粉菌种（图2-2和图2-3）。

第二层：铺锯末10厘米厚，然后撒干粉菌种（图2-4）。

第三层：铺稻壳10厘米厚，然后撒菌种。

第四层：铺锯末10厘米厚，然后撒菌种。

图2-2　铺稻壳

图2-3　撒菌种

第五层：覆盖稻壳5厘米（图2-5）。

二、果园养鸡（图2-6）

图2-4　铺锯末

图2-5　发酵床剖面图

（a）

（b）

（c）

图2-6　果园散养

三、大棚养鸡（图2-7）

（a）

（b）

（c）

（d）

图 2-7　大棚养鸡

四、庭院养鸡（图 2-8）

（a）

（b）

（c）

（d）

图 2-8　家庭院落养鸡

第三章

雏鸡饲养管理

第一节　育雏前的准备工作

一、育雏设施和设备

1. 散养鸡场基本的卫生要求（含育成鸡和成年鸡）

（1）采取区域化管理和全进全出制度。在山坡上饲养或者在林中饲养的可以在不同区域内建育雏舍、育成舍和成年鸡舍，每个区域内只养一个日龄的鸡，不同的区域间要隔有一定的距离，越远对于防控疫病越有利。在庭院内饲养散养蛋鸡，可以用网子隔开，分成几个区域，不同区域饲养不同日龄的鸡，禁止不同日龄的鸡在一起混养。

（2）场区内无堆积的粪便和垃圾。场区内的粪便要定期清扫，最好每天清扫一次，如养殖场面积较大时可以有选择地清扫，如饲喂精料和饮水的场地、鸡舍等地要及时清理，其他地区要定期清扫。在场区外建堆肥发酵池，或者直接将粪便和垃圾运送到田间地头，堆肥发酵。

（3）定期灭鼠和灭蝇。在进鸡前或者转群前要在鸡舍内及周边投鼠药灭鼠。夏季蚊蝇孳生，对鸡的粪便堆肥时用塑料布将表面封闭，也可以在饲料中添加益生菌也能起到一定的预防控制蚊蝇繁殖效果。鸡舍喷洒驱虫药物时要在舍内没有鸡的情况下进行。料库也是蚊蝇多的地方要重点管理。注意鸡对有机磷杀虫药物敏感，要慎用。

（4）病死鸡无害化处理。对病死鸡只要采取深埋、煮熟、火化等无害化处理的方式进行处理。禁止将病死鸡直接喂狗和其他动物。

（5）加强消毒工作。场区的进出口设消毒池，夏季消毒药水3天更换一次，冬季用石灰粉；环境每周消毒三次；转群前后各消毒一次。

（6）场区内要有排水通道，防止雨季出现水坑或泥塘。

（7）运动场内要定期垫黄土或沙土。清扫完粪便后，进行消毒然后垫干净的黄土或沙土，垫土根据运动场的面积灵活掌握时间。

（8）禁止不同种类家禽混养。饲养鸡、鸭、鹅、山鸡和火鸡等不同品种的家禽时，要分到不同区域饲养，禁止几种家禽混养。

2．育雏舍的准备

（1）育雏舍准备的程序。

喷洒消毒药——→清理粪便、清扫——→冲刷——→消毒——→熏蒸消毒

第一步消毒药喷洒：鸡只全部转出后，用广谱高浓度消毒药大剂量喷雾消毒地面、墙壁、天花板和设备等，静置24小时。

第二步清理粪便：立即清除粪便，即使闲置不用的鸡舍，也要把粪便清除干净，并将粪便运输到场区外，或运到田间地头腐熟后施肥。

第三步清扫彻底：对地面、墙壁、天花板、通风管道以及加温设备等进行清扫。

　　第四步冲刷：有条件的养殖场，可以对鸡舍（水泥地面）和设备用高压水枪进行冲刷。冲刷时要注意用电安全，防止触电等安全事故（没有条件的鸡舍可以进入第五步）。

　　第五步消毒：用广谱高浓度消毒药大剂量喷雾消毒地面、墙壁、天花板和设备等，地面用2%的氢氧化钠水泼洒，静置24小时（图3–1）。

（a）　　　　　　　　　　　　　（b）

图3–1　育雏鸡舍消毒

　　第六步熏蒸消毒：用报纸封闭门窗和通风口，将清洗好的水槽、料槽、铁锹、水桶、火炉、纸板等育雏所用物品，全部放置到鸡舍内，然后用甲醛熏蒸消毒（图3–2）。熏蒸方法：第一种方法是每立方米用甲醛溶液21毫升直接加热蒸发；第二种方法是每立方米用甲醛溶液21毫升，高锰酸钾17克，水20毫升，先用水稀释甲醛溶液，然后将高锰酸钾倒入甲醛液体中进行熏蒸。第二种方法所用容器要大（最好不要用金属容器），容器容积是甲醛溶液容积的50倍以上。注意高锰酸钾和甲醛反应剧烈，要注意保护眼睛和皮肤。

　　被球虫污染鸡舍的消毒方法。对发生过球虫病的鸡舍，可用氨类消毒剂消毒，每100平方米地面用药：氢氧化钙10千克，氯化

（a）加热甲醛熏蒸消毒　　　　　　（b）火炉加热甲醛

图3-2　育雏鸡舍熏蒸消毒

铵20千克，水100千克。

（2）垫料铺设方法。如果地面厚垫料育雏时，在熏蒸前应将垫料铺好。目前，铺设垫料一般采用3层。地面上铺稻壳或锯末以及干草等，厚度4~5厘米左右。中间一层铺厚纸板，将下一层的稻壳或锯末等盖严。纸板上铺报纸或其他吸湿性能好的大型纸张。育雏的前10天及时更换报纸或其他吸湿性能好的大型纸张，将粪便和废纸一起清理出鸡舍并进行堆肥发酵（图3-3）。

（3）准备鸡舍注意事项。准备鸡舍期间，要投灭鼠药物封堵鼠洞，做好灭鼠工作。

育雏时要求卫生防疫等条件要求高，要有单独育雏舍，忌用成年鸡舍饲养雏鸡。

3. 光照设备的准备

对电线、接头、灯口、开关要逐一检查，看是否有老化或短路的危险。清洁灯头、清洗灯伞。

采用火炉等作为热源时，要注意线路和热源的距离，防止因为线路过热而引发短路。

育雏期间雏鸡1~3日龄时眼睛的视觉较差，为了便于雏鸡觅

（a）地面2%火碱水消毒

（b）地面上铺稻壳

（c）稻壳上铺纸板

（d）纸板上铺纸

（e）边缘用纸板遮挡

（f）铺好后的鸡舍

图3-3　育雏鸡舍垫料铺设

食，采用 24 小时光照，光照强度要强，建议使用 60 瓦灯泡，3 日龄以后逐渐降低鸡舍的光照强度，换用 25~40 瓦的灯泡。降低光照强度时要逐渐过渡。

4. 其他用具和设备的准备

常用工具：开食盘、料槽、料桶、饮水器、铁锹、温度计和水桶等，要进行清洗、消毒，注意消毒药浓度和消毒时间，以保证消毒完全。

5. 取暖设备

供暖方式可采用电暖气、火炉、火炕或暖气等供暖（图 3-4）。

（a）电热器供暖　　　　　　　　（b）围火炉——防火

图 3-4　鸡舍取暖设备

注意事项：

火炉供暖的燃料需用无烟煤。

育雏舍内安装吊扇可以使热量分布均匀。

二、制订育雏计划

1. 根据市场特点确定育雏的时间

"散养蛋鸡"生产的产品——鸡蛋和鸡肉，如果销售数量和销售渠道很稳定，可根据鸡舍的周转来确定进雏鸡的时间，一年四季均可，但以春季或晚冬进雏最好。

农户或规模小的养殖场，鸡蛋和鸡肉的销售主要集中在三节：即国庆、元旦和春节作为礼品出售，节日和旅游季节是旺季，其他时间是淡季。那么进雏时间最好选择在每年的3—4月份，9月初达到150日龄左右，10月份达到产蛋高峰期，可以赶上国庆、元旦和春节这3个重要的节日，也可能是中秋、国庆、元旦和春节四个节日，这样有利于成本的快速回收，提高散养蛋鸡的经济效益。

2．投入总成本计划——散养蛋鸡成本核算

（1）公鸡饲养成本

雏鸡苗款 0.5~1.0元。

育雏费用 9.0元（45天 × 0.2元/天）。

育成费用 13.80元（60天 × 0.23元/天）。

0~105天总成本：23.3~23.8元。

105日龄以后，每个月增加成本7~8元。

360日龄：公鸡成本79~88元（不包含因公鸡死亡摊销的成本）。因此，饲养公鸡要根据成本核算，确定进雏鸡的数量和出售的时间。

（2）母鸡成本

雏鸡苗款 3.0~3.5元。

育雏费用 9.0元（45天 × 0.2元/天）。

育成费用 13.20元（60天 × 0.22元/天）。

0—105天总成本：25.2~25.7元（不包含因母鸡死亡摊销的成本）。

106天到投入产出持平：9.0元。

0日龄到投入产出持平成本：34~35元。

产蛋期费用（150~500日龄）：96.6元（350天 × 0.12千克/天 × 2.3元/千克）。

其他费用：17 元（饲料成本占总成本的 88%，免疫、药物、劳务等占 12%）。一只母鸡饲养 500 天直接投入成本：147 元左右。

（3）确定饲养规模。根据公鸡和母鸡的饲养成本，既要考虑鸡舍的面积可容纳鸡的数量，还要考虑到销售问题，最好以销定产，综合以上三方面的因素，决定饲养规模总量和公母鸡的比例。

3. 根据客户需要选择散养蛋鸡品种

客户对于散养蛋鸡羽毛颜色的要求：普遍欢迎芦花鸡、黑毛鸡、红毛鸡和其他杂毛鸡（大红袍），并且喜欢各种鸡混杂在一起饲养。

对于鸡蛋的要求：喜欢绿壳鸡蛋和粉壳鸡蛋，不喜欢褐壳鸡蛋和白壳鸡蛋，认为后两种鸡蛋跟笼养鸡没有区别。

对于肉质的要求：皮肤和肌肉的颜色乌黑色不受欢迎，喜欢皮肤黄、油脂黄且多的散养蛋鸡肉。体重在 1.5~2.0 千克比较受欢迎，消费者对太重和太轻的散养鸡市场不很认可，公鸡喜欢体重较大的一般 2.5~3.0 千克。

4. 阶段性养殖方式的确定

育雏：（0~45 日龄）可采用地面或火炕、网上、笼养等方式育雏，饲喂全价日粮。育成期（46~105 日龄）公鸡和母鸡分开散养，母鸡也可以笼养，饲喂全价日粮。公鸡不出售时可以和母鸡一样饲喂全价日粮。

产蛋期（121~500 日龄）散养，白天在运动场活动，夜晚在鸡舍栖架上息。

5. 制定免疫程序

进雏鸡前，要制定好该批次鸡的免疫程序，可以从进雏鸡的孵化场索要，也可以咨询当地卫生防疫部门后自己制定。免疫程序的格式参考表 3-1。

表3-1 制定雏鸡免疫程序

日期	日龄	疫苗名称	接种方法	剂量	备注

注意：对制定好的免疫程序，要将免疫的时间提前标记到生产记录本上，每天填写当日的记录时，可以得到提示。对于已经完成的免疫要进行标注，如疫苗用量、免疫方法、免疫过程以及有无特殊情况发生，便于对以后免疫工作进行总结。

6.制订物品的平均计划

进雏前要根据饲养的数量，提前预订饲料、疫苗、煤和兽药等必需品，育雏期间工作量大而且比较辛苦，24小时需要有人值班，能够提前准备的工作要提前做好。

7.养殖人员的培训

在进雏鸡前对饲养人员进行培训，培训日常饲养管理的重点，尤其要强调管理的关键环节，还要培训生产数据记录的方法，老饲养员思想容易麻痹，要引起特别的注意，这样才能避免和减少生人为事故的发生。

第二节　雏鸡的饲养与管理

一、雏鸡的生理特点

1. 体温调节能力差

刚出壳的雏鸡体温低于成年鸡，4日龄达到成年鸡的体温。雏鸡体温调节机能不健全，7日龄才开始有部分调节体温的能力，到20日龄才具备完善的体温调节系统。

2. 羽毛更换速度快

出壳鸡的羽毛为绒羽，然后逐渐长出主翼羽、尾羽、背羽和腹羽等称之为初羽，4~5日龄初羽脱换，长出全身第一套羽毛，第8周龄脱换长出第二套羽毛。

3. 生长发育迅速

雏鸡代谢旺盛，1周龄体重是出生体重的两倍。6周龄达到日增重的高峰，体重能够达到出生体重的15倍左右。

4. 消化系统不健全

出生后消化器官开始发育，机能不健全且缺乏消化酶，消化能力差，消化系统容易受到伤害。因此，开食饲料要经过白开水浸泡，柔软的饲料便于雏鸡消化吸收。

5. 体弱抗逆性差，免疫机能不健全

6. 视力较差

刚出壳的雏鸡视力较差，尤其是1~3日龄，需全天光照并增加光照强度，3日龄后视力逐渐增强。

二、雏鸡饲养管理要点

1.1~45 日龄操作要点

1~3 日龄：温度 35~37℃（此温度是雏鸡背部的温度）；相对湿度 60%~70%；光照 24 小时；饮用温的白开水，加 3%~5% 葡萄糖，同时加抗生素；饲喂全价日粮湿拌料，两小时饲喂 1 次。

4~7 日龄：温度 34~35℃；相对湿度 60%~70%；光照 22 小时；饮室温的白开水，加抗生素至 5 日龄；饲料全价日粮湿拌料，2 小时饲喂一次。

8~14 日龄：温度 33~34℃；相对湿度 60%；光照 18 小时；饮室温的白开水至 10 日龄后改为自来水；饲料全价日粮湿拌料，每天饲喂 8 次，自 10 日龄开始加料筒，料筒数量逐渐增加，逐渐撤去开食盘。

15~18 日龄：温度 30~32℃；相对湿度 60%；光照 18 小时；饮用自来水；饲喂全价日粮干料。

19~24 日龄：温度 28~29℃；相对湿度 50%~60%；光照 10 小时；饮用自来水；饲喂全价日粮干料。

25~30 日龄：温度 24~27℃；相对湿度 50%~60%；光照 8 小时（或采用自然光照）；饮用自来水；饲喂全价日粮干料。

31~45 日龄：温度 20~23℃；相对湿度 50%~60%；光照 8 小时（或采用自然光照）；饮用自来水；饲喂全价日粮干料。

2.湿拌料

制作方法：饲喂前 2 小时，将一次饲喂的饲料放入料盆中，用室温的凉白开水搅拌均匀，饲料遇水后膨胀，2 小时后用手握紧成团，打开后松散为宜。用水量太少搅拌料干，用水量大会使饲料黏合在一起。

注意：潮拌料拌好后必须 1 小时之内用完，如发现饲料腐败变质立刻停止饲喂雏鸡。

3. 开食时间

出壳后 36 小时雏鸡才具备消化能力，所以开食时间在出壳后 24~36 小时之间。开食早会影响鸡的食欲，不建议早开食。一般情况下雏鸡进入鸡舍后要先供给加入抗生素和葡萄糖的白开水，饮水 2 小时后观察雏鸡如有 50% 的雏鸡开始觅食就可以开食，时间不晚于 36 小时。

4. 每日饲养管理应注意的事项

（1）观察鸡群健康状况。观察毛色是否光亮，有无糊肛门等。

（2）观察并记录温度和湿度。育雏前两周温度的记录最好在喂料后进行，要记录 3 个以上温度计的温度，便于总结育雏温度控制的情况。湿度计结果可不做记录。

（3）鸡群分布情况，休息的姿势。关灯后鸡会变得安静，再次开灯的时候，观察鸡群的休息情况。

（4）鸡群的动静。尤其在夜晚观察是否有咳嗽等异常的声音。

（5）饮水和采食情况。

（6）死亡情况并做好记录。每日都要对死亡情况记录，尽可能备注死亡的原因，如夜间死亡多少只；死亡鸡体质瘦弱还是健康鸡等情况。还要注意是否是因为外伤致死，如夹死、火炉烤死，被人踩死等。这些信息对于判断鸡群的健康和疾病状况非常有价值，要认真记录。

（7）粪便的颜色、形状和稀稠度。每天早晨要巡视鸡舍的粪便，看有无异常粪便，笼养鸡可以抽出粪盘观察。如果有变化要引起重视，结合肛门是否糊肛，判断鸡群状况。地面平养鸡 15 日龄后要观察是否有血便。

5.饮水

1~10日龄用凉白开水，11日龄以后饮用自来水。雏鸡进入鸡舍后要立即给水，育雏期间不能断水。饮水免疫时控水时间要根据天气谨慎而定，详见饮水免疫方法。

6.通风换气

10日龄以后，在保证育雏舍温度的情况下，加强通风换气。尤其是饲养密度较大，鸡舍熏蒸消毒药物没有排除完全，空气异味浓厚时，必须进行通风换气，如气温较低时可以选择在中午进行。用火炉供暖时要防止煤气中毒，必要时安装风斗（图3-5）。

图3-5　通风换气，安装风斗

三、影响雏鸡死亡率的关键因素

1.温度

（1）温度控制。温度对于育雏至关重要，提供适宜的温度是育雏成败的关键，必须严格正确的掌握控温方法，尤其在10日龄前，雏鸡基本上不具备体温调节的能力。控温要遵循"能高不能低，忌忽冷忽热"的原则，尤其对雏鸡体质较弱和育雏前期死亡率较高的鸡群，要适当提高育雏的温度。无论用哪种供温方式，进鸡前都要预温，注意总结升高温度的规律，添加多少燃料能提高鸡舍多少温度。另外，雏鸡进入鸡舍后还能使空鸡舍的温度提高2~3℃。

（2）判定育雏温度是否合适的标准。判定育雏温度的原则：看鸡施温，忌看温度计供温。雏鸡对育雏舍温度的反应有以下三种

图3-6 舍温正常

图3-7 鸡舍温度低

图3-8 鸡舍温度低但火炉温度高

情况：温度适宜；温度低和温度高。

① 舍温适宜鸡的表现：鸡群安静，被毛光亮，精神状态好，食欲旺盛，满天星式的趴卧伸脖休息（图3-6）。

② 舍温低鸡的表现：鸡群"唧唧唧"鸣叫，靠近热源扎堆，或在角落扎堆，不愿走动，精神差，没有食欲（图3-7）。

③ 舍温高鸡的表现：鸡群远离热源、匍匐地面两翅张开、张口呼吸、饮水量增加，严重时雏鸡身体潮湿（鸡没有汗腺，潮湿是因为饮水多和排出粪便较稀，趴卧弄湿羽毛）。可以记录鸡张口呼吸时的温度，稍微降低1~2℃就是鸡舍的适宜温度（图3-8）。

（3）温度计的使用。温度计悬挂的高度在鸡背部上2厘米。温度计分布：育雏舍的两端和中部，热源附近和门口，都要有温度计（图3-9）。注意要根据鸡群的状态看鸡施温，温度计所示温度只是一个参考，不能机械按温度计指示来施温。每2小时查看一次温度，调节室温，记录结果，以便于对育雏经验进行总结。

（4）几种给温方式

① 暖风炉供暖：是以煤、油等为燃料的加热设备，在舍外设立暖风炉，将热风引进鸡舍上空或采用正压将热风吹进鸡舍上方。此方法供暖是目前

图3-9 育雏舍温度计悬挂图

国内大型种鸡场及商品鸡场普遍采用的方式。

② 电热伞供暖：常用育雏器是伞形的，故称为电热伞。也有方形、多角形与圆形等多种形状的育雏器。另外还需单设火炉、暖气或暖风炉以提高室温，是平面育雏常用的供暖方式。

③ 自动燃气暖风炉供暖：此设备燃料主要是天然气，设备可安装舍内，通过传感器自动控制温度，热效率高，100%被利用，卫生干净，通风良好，是比较理想的供暖方式，但是育雏成本相对较高。

④ 火炕供暖：热源置于地下，在育雏舍外或舍内设一灶火口来烧煤或烧柴，热量通过烟道进入火土炕，热流沿鸡舍地面下3~5厘米深处双列烟道向上，最后由舍外烟囱排出。舍内烟道附近地面形成温床。

⑤ 地上烟道供暖：在育雏舍里用砖或土坯垒成烟道，离开房屋墙1米远，距离地面25厘米高，长度根据育雏舍大小而定。几条烟道汇合通向集烟柜，然后由烟囱通出室外。为了节约燃料和保证育雏舍内温度均匀，可在烟道外加一罩子。在烟道外距地5厘米处悬挂温度表，地面上铺设垫草。

⑥ 火墙供暖：把育雏室的墙壁砌成中空墙，内设烟道，炉灶

置于室外走廊内，雏鸡靠火墙上散发出来的热量取暖。

⑦ 红外线灯供暖：利用红外线灯散发出来的热量进行育雏。红外线灯的规格有很多，小的200瓦，大的350~1 000瓦，育雏时常用250瓦的红外线灯，每只红外线灯在室温30℃可育雏鸡110只。红外线灯又可分为发光和不发光两种，使用时2~6盏灯成组连在一起，上设灯罩聚热，悬挂于离地面40~60厘米的高度，室温低时可降至33~35厘米。育雏的第2周开始，每周将灯提高7~8厘米直至离地面60厘米为止。

⑧火炉供暖：这是最原始的一种供暖方式，即育雏室内安放火炉，燃料是无烟煤，火炉周围要用铁丝圈栏住，以防雏鸡伤亡（图3-10）。

图3-10　火炉供暖

⑨ 暖气供暖：育雏舍安装多组暖气片，依靠锅炉供暖，要安装两条上水和两条下水，并安装截门，根据育雏舍的温度控制供暖暖气片的数量。为保证育雏舍温度均匀，可以在天花板上安装吊扇，循环鸡舍的空气。暖气育雏比较干净卫生，缺点是调节温度不灵敏，温度上升和下降的速度较慢。

（5）根据饲养雏鸡的数量和日龄确定供热面积。对于地面或网上育雏的养殖户，整个育雏期间要根据雏鸡的数量和占用的空间，来确定供热的面积。雏鸡日龄较小时占用的面积较小，7日龄内密度高时每平方米可饲养60只雏鸡，随着日龄的增长，占用的面积逐渐加大。因此，育雏前期不需要对整个育雏舍供温，可以用塑料布或棉布帘做成截断将鸡舍隔开，注意截断要封严，经测量同一间鸡舍被塑料布分隔开，供热部分和不供热部分室温相差 10 度以上。截断要根据鸡的日龄的大小移动，以满足雏鸡需要的饲养面积。这样便于饲养人员进行管理，能够有效调节鸡舍的温度，同时还能节约供暖的成本。

（6）安装保暖棉门帘（图 3–11）为了做好育雏舍的保温工作，鸡舍经常出入的门口要安装棉门帘，为了防止被风吹卷，可将下部坠以适当的重物。寒冷的冬季育雏舍升高温度困难，保温工作更要做到位。

图 3–11　安装保暖棉门帘

2. 营养

雏鸡代谢旺盛，体重增加快，而且雏鸡阶段以组织器官骨骼肌肉的发育为主，所以必须提供营养丰富的全价日粮，才能满足鸡只的生长发育需要。部分农户用小米、碎玉米等单一的饲料来饲养雏鸡的做法是不可取的，容易发生营养不良，影响雏鸡的发育，应当切忌。要从正规的饲料厂购买营养丰富的全价日粮，也可以用科学的饲料配方自配符合雏鸡需要的饲料，注意可以购买预混料或浓缩料，按照饲料配比自己配置，混合一定要均匀。

3. 雏鸡的密度

目前，饲养密度过大是柴鸡养殖户育雏期间存在的主要问题，也是造成雏鸡大批死亡的主要原因之一。因为密度大时雏鸡因为拥挤不能采食到足够的饲料，另外雏鸡的活动也受到了限制，不容易觅食，最终的结果是导致营养缺乏，机体的抗病能力下降，随着饲养时间的延长出现雏鸡死亡。密度过大的另一危害是雏鸡体重和生理发育参差不齐均匀度差，会影响到成年鸡的产蛋能力。

（1）不同育雏方式雏鸡的密度（表3-2）

表3-2　不同雏鸡饲养密度与方式

饲养方式	周龄	每平方米饲养数量（只）
地面平养	0~6	30
网上饲养	0~6	34
立体笼养	0~1	60
	1~3	40
	3~6	34

（2）雏鸡的区域化管理。地面平养或火炕饲养雏鸡，当育雏数量较大时可以分成几个区域进行饲养，一般用纸板或木板隔开（图3-12）。每个区域根据雏鸡数量分配饮水器和开食盘及料槽，就能照顾到每只雏鸡的饮食，有利于雏鸡的生长发育。农户不但要饲养母鸡，还要饲养一定数量的公鸡来满足市场的需求，公母鸡可以分配到不同的区域饲养，并根据雏鸡不

图3-12　将鸡舍用纸板分割成几个区域

同的生长速度提供活动面积，供给与生长发育需要相应的饲料总量。部分养殖户出售雏鸡时也方便分别公鸡和母鸡。

4. 球虫病

育雏期间危害最为严重的寄生虫病是球虫病，是导致雏鸡死亡的主要原因之一。

（1）流行特点。球虫病是地面散养鸡普遍发生的一种寄生虫病，15~50日龄的鸡发病率很高，死亡率可达到80%。2月龄以上的鸡只多为带虫者，对于成年鸡虽不会导致大批死亡，但是会降低蛋鸡的产蛋率，排泄带有卵囊的粪便，还会传播球虫病。

感染途径是鸡只啄食了感染性的卵囊，鸡只是否发病和摄入感染性卵囊的数量以及鸡的抵抗能力有关，因此早期发现、早期治疗效果十分明显。球虫卵囊对很多消毒剂有抵抗力，并且在土壤中可存活4~9个月，在温暖潮湿的环境中可存活14个月。温暖潮湿的环境有利于球虫卵囊发育，只需18小时就可以形成孢子。但高温、干燥和低温可以迅速杀死卵囊（图3-13），如在55℃或冰冻的环境中可以很快杀死卵囊，37℃的环境保持2天也可以杀死卵囊。球虫病在温暖潮湿的季节多发，尤其在7~8月份严重（图3-14）。

图3-13 地面干燥　　　　　图3-14 地面潮湿

（2）发病诱因。鸡舍潮湿、拥挤、卫生条件恶劣加之管理不当，最易发病并且迅速波及全群。

（3）症状。病鸡精神沉郁，食欲废绝，渴欲增加，被毛蓬乱，离群呆立，肛门污染，逐渐消瘦，鸡舍或运动场可见咖啡色或鲜血样粪便，或水样粪便中带有少量血丝。

（4）诊断（图 3-15）根据粪便检查、流行病学调查和临床剖检病理变化可以确诊。也可用柔嫩艾美耳球虫的早期诊断方法。

（a）肛门洁净

（b）挤压死鸡腹部肛门出血

（c）盲肠肿大出血

（d）群发症状相同

图 3-15　病鸡症状诊断

（5）预防和治疗措施。保持鸡舍干燥，对于潮湿的鸡舍或运动场垫干燥的黄土或沙土。搞好环境卫生，每天清理粪便，并将其堆肥发酵。

定期药物预防：15 日龄后开始定期投服抗球虫药物进行预防，成年鸡在温暖潮湿季节，5 月和 7 月各预防给药一次，注意抗球虫药要交替使用，防止产生耐药性。另外，对于磺胺类抗球虫药产蛋期间禁用。

对于肉鸡可以进行球虫病的免疫。

饲料中添加维生素，减少麸皮的给量也可防治球虫病。

禁止不同日龄的禽类在一起混养。

5. 传染性法氏囊炎（图3-16）

法氏囊是鸡只的中枢免疫器官，发生法氏囊炎不但会导致雏鸡大批死亡，死亡率达到30%，还可导致幸存的鸡只发生免疫抑制，降低了疫苗对于散养蛋鸡的保护率，因此必须做好传染性法氏囊炎的防治工作。

图3-16 法氏囊的解剖图

（1）传染性法氏囊炎症状。鸡只患病后，鸡只啄食自己的肛门，肛门稍有肿胀。病鸡被毛逆立、无光泽，常常蹲缩在角落或热源旁。鸡群中体质强健和体重大的鸡只更易发病。抓握鸡只很轻，皮肤干燥脱水，仔细检查腿部和胸部皮下，严重的病鸡可见有片状黑色肌肉出血。

流行特点：

此病多发生于3~6周龄，以4周龄高发，呈现尖峰死亡率，突然发生又迅速消失。第一天将病鸡挑选分开后，第二天又有病鸡。挑选分开后，第三天仍然如此，病程在一周左右趋于平稳。

（2）传染性法氏囊炎的免疫程序。14~18日龄，首免，如采用饮水免疫时要加量50%，饮水中最好加5%脱脂奶粉。24~28日龄，二免，饮水加量50%，饮水中加2%脱脂奶粉。购买不到脱脂奶粉时，可以用开水冲泡奶粉，并将上层油脂除去，待晾凉后即可使用。

（3）预防传染性法氏囊炎注意事项。传染性法氏囊疫苗的毒力较强，免疫剂量过大会使部分雏鸡疫苗反应强烈而发病。所以免疫时要注意疫苗的用量，不超过鸡群数量的50%。传染性法氏囊炎病毒对福尔马林敏感，对于发生过法氏囊炎的鸡舍，在将鸡全部转走后要用福尔马林熏蒸消毒。

6.消毒

疫病发生时消毒对控制疾病的作用看不见摸不着，农民再认识不足，以致消毒工作没有规律，也没有重点。因此造成了病原的污染，在鸡抵抗力低的时候发生疫病的传播和流行。

（1）带鸡消毒。育雏期间每天带鸡消毒一次。鸡舍外环境消毒，每周一次。带鸡消毒时可以在鸡舍温度较高的时候进行，不但能消毒还可以降低鸡舍的温度，消毒药要两种以上交替使用。

（2）饮水器消毒。所谓"病从口入"，饮水器具是细菌滋生的场所，因此饮水器是育雏消毒的重点。每天对雏鸡的饮水器要彻底消毒一次，先将饮水器内污水倒掉，然后用消毒药水清洗，再用清水漂洗。在清洗时要用布擦拭，清水漂洗完用手触摸，饮水器的任何部位不应该有黏滑的感觉（图3-17）。

四、免疫程序

1.免疫程序

养殖户要根据孵化场或当地兽医的建议制定自己的免疫程序。免疫程序要在进雏鸡前完成，张贴在操作间墙上给予提示，另外提前抄写到生产记录本上。

制定免疫程序要参考以下因素：以前发生过传染病的情况；养殖场（户）周围的环境情况有无疫病流行；不同疫苗的免疫力和使用规则等。

例如，北京市昌平区养殖散养蛋鸡采用的免疫程序，见本章附

（a）消毒用水桶

（b）倾倒剩水

（c）配置消毒水

（d）消毒水消毒

（e）清水漂洗

（f）饮水器放置到鸡舍

图3-17　鸡舍饮水器消毒

件1。

2.常用的免疫方法

（1）饮水免疫

稀释液：用深井水或凉白开水稀释疫苗，自来水中含有漂白粉，最好晒2小时待漂白粉挥发后再用来稀释疫苗。

疫苗用量：一般要增加50%~100%，要求雏鸡2小时内饮完疫苗溶液，通常在免疫的前两天留意鸡一天的饮水量，然后确定免疫时的用水量。一般首免每只雏鸡5~8毫升，二免10~15毫升。为延长疫苗微生物存活时间，可以在稀释液中加入2%的脱脂奶粉，也可以用鲜奶煮沸后去除表面的油脂，晾至室温即可使用。

控水：饮水免疫前要停水2~3小时，不包括夜间停水。夏季高温停水时间不长于2小时，春秋天气凉爽可以适当延长停水时间。

方法：大群免疫时控制疫苗总量的情况下分两次供给，可以在免疫结束后1小时再免疫一次，饮水量是第一次饮水量的30%。饮水免疫要准备足够的饮水器，让50%以上的雏鸡能同时饮水。

（2）肌内注射

消毒：注射器和针头要经过彻底清洗后，用蒸馏水煮沸消毒10~15分钟。也可用蒸锅蒸15分钟。每100只鸡更换消毒好的针头一个。

注射部位：以胸部和翅膀根部为好，还可以注射大腿内侧无血管处（图3-18）。方法：注射胸部和翅膀根部时要从前向后呈30°角进针。禁止从后向前进针，

否则，容易刺入肝脏导致鸡只死亡。也禁止垂直进针，否则容易刺入胸腔或腹腔的的其他器官（图3-18）。

注意：免疫时要将疫苗混合均匀，并且疫苗温度和鸡只体温相差不大。

（a）正确　　　　　　　　　　（b）错误

（c）正确　　　　　　　　　　（d）错误

图3-18　肌肉注射方法

（3）皮下注射。左手拇指与食指捏取颈部皮肤，形成皱襞，右手持注射针管在皱襞底部稍斜快速刺入皮肤与肌肉间，注入疫苗，左手拇指、食指有被冲击的感觉，注射完毕，将针拔出（图3-19）。皮下注射要经常更换消毒过的针头，一般100只鸡更换一个针头。

（4）刺种

稀释： 将疫苗用蒸馏水或生理盐水稀释，500羽疫苗用4

图3-19　皮下注射方法

毫升稀释液，或按说明书稀释。

接种：充分摇匀后用刺种针蘸取疫苗，在一侧鸡翅膀内侧无血管处刺种，要穿透皮肤。用刺种针或用蘸水笔均可。注意：刺种时要避开血管（图3-20）。

（a）

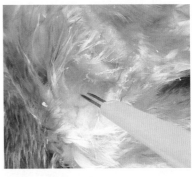

（b）

（c）

图3-20　鸡接种方法

检查：鸡痘接种后一周观察刺种部位，如红肿或有结痂说明免疫成功，免疫失败的鸡只要重新接种。

（5）滴鼻或点眼（图3-21）

滴鼻法： 用蒸馏水或矿泉水10倍稀释疫苗，或者按照疫苗说明书稀释。一手将小鸡抓住，一侧鼻孔向上固定，用手将下侧鼻孔堵住，将稀释好的疫苗1滴，滴在鼻孔上待鸡全部吸入后再放手，勿使流失。一般1 000羽份的疫苗可免800~900只雏鸡。

滴鼻

点眼： 稀释疫苗同滴鼻法，将一滴疫苗滴在保定好的雏鸡一侧眼内，疫苗完全吸收后才可放手，勿使流失。一般1 000羽份的疫苗可免疫800~900只雏鸡。

点眼注意： 为保证疫苗的质量，稀释好的疫苗要在2小时内用完，用滴管吸取疫苗时，将疫苗放置在加冰块的保温杯中。

点眼

（6）滴口（图3-21）。饮水免疫虽然方便，但是不能控制疫苗的摄入量。可以采用滴口免疫的方法，来代替饮水免疫。疫苗的稀释方法同滴鼻点眼免疫稀释疫苗的方法。用固定雏鸡的手的拇指和食指将雏鸡喙掰开，将一滴疫苗滴入口中，

滴口

图3-21　免疫方法

待鸡有吞咽动作后将雏鸡放开即可。

3.注意事项

（1）免疫程序确定后要提前购买好疫苗，防止免疫时购买不到疫苗或疫苗数量不够，错过免疫时机。

（2）注意疫苗的保存和运输方法，严格按说明书的要求保存和运输，防止因储存不当导致疫苗免疫力降低或消失。

（3）做好免疫记录，最好保存疫苗的标签。

（4）不接种过期的疫苗。

（5）疫苗瓶和剩余疫苗要进行无害化处理，用消毒药水浸泡，或者进行煮沸消毒30分钟，装入塑料袋内深埋，禁止随便丢弃，防止散毒或产生变异毒株。

五、育雏期间药物使用

1.预防性给药的原因

出生雏鸡疫病抵抗力差，容易受到呼吸道和肠道内常在菌的感染。0~5日龄要在饲料和饮水中加入抗生素，增强雏鸡抗病能力，预防呼吸道和消化道细菌的感染。

2.药物选取的原则

一般原则使用普通的抗生素如土霉素、庆大霉素或恩诺沙星等药物，进行预防性给药，不建议使用最新研制的兽药。也可以根据最近一阶段药敏试验结果选择药物。

3.逐级稀释法拌料（图3-22）

在饲料中添加药物时，为将药物和饲料搅拌均匀，养殖户在缺少设备的情况下，可采用逐级稀释的办法拌料。

方法如下。

（1）认真阅读药品说明书计算出药物的用量，或按兽医建议的用药量准备好药物。

（a）取1盆饲料

（b）取料分三堆（1盆、1盆、2盆）

（c）药物同第一堆混合均匀然后混入
第二堆

（d）混入第三堆混合均匀

图3-22 饲料逐级稀释法

（2）将药物拌入5千克饲料中混合3遍。

（3）再加入5千克的饲料混合3遍。

（4）加入10千克饲料混合3遍。

（5）将含有药物的20千克饲料和全部饲料混合3遍。

养殖户购买预混料和浓缩料时，缺乏仪器设备时也可以采用逐级稀释的办法，使饲料混合均匀。

4. 饮水给药药物分配方法（图3-23）

（1）液体药物分配方法。首先，认真阅读药品说明书，计算出药物的总量和每桶水用药量。其次，用注射器按每桶水应该加入的

图3-23　饮水给药药物分配方法

药量抽取，注入水桶中反复混合至均匀，即可让鸡饮用。

（2）固体药物分配方法。首先，认真阅读药品说明书，计算出药物的总量和每桶水用药量以及总共使用的水桶数。

其次，用水瓢取水倒入桶中（桶内的水量以瓢数计算），将全部药物倒入有水的桶中，溶解并混合均匀。

最后，取一瓢药液倒入水桶中，加注清水到满桶，混合均匀后即可让鸡饮用。

附件 1

昌平区流村镇 ××× 散养蛋鸡免疫程序

日期	日龄	疫苗名称	接种方法	剂量	备注
3 月 1 日	1	马立克氏病	皮下注射	0.2 毫升	
3 月 7 日	7	新城疫 + 传支 H120	饮水	加 50%	
3 月 10 日	10	禽流感 H5	皮下注射	0.3 毫升	
3 月 14 日	14	法氏囊炎	饮水	加 30%	加 5% 脱脂奶粉
3 月 20 日	20	新城疫 + 传支 H120	饮水	加倍量	
3 月 24 日	24	法氏囊炎	饮水	加 50%	加 2% 脱脂奶粉
3 月 30 日	30	禽流感 H5	皮下注射	0.5 毫升	
3 月 30 日	30	鸡痘	刺种		500 羽用 4 毫升稀释液
4 月 4 日	35	传染性喉气管炎	饮水	加 50%	
4 月 29 日	60	新城疫 + 传支 H52	饮水	加倍量	
6 月 13 日	105	鸡痘	刺种		500 羽用 4 毫升稀释液
		新城疫油苗	肌内注射	0.5 毫升	
		减蛋综合征	肌内注射	0.5 毫升	

备注：

1. 新城疫免疫要根据抗体监测结果确定二免以后的免疫时间。

2. 禽流感在 30 日龄免疫后，每间隔 4 个月免疫一次。

3. 免疫前后 3 天不进行带鸡消毒。

二○一一年二月十八日

第四章

育成鸡饲养管理

第一节　育成鸡饲养管理概述
（46~105 日龄）

散养蛋鸡的育成鸡指的是 46~105 日龄这一阶段。相对而言散养蛋鸡育成阶段是比较好饲养管理的时期，一方面散养蛋鸡度过了雏鸡阶段的死亡高峰期，对外界环境用了一定的抵抗能力，另一方面工作量相对较少，也没有雏鸡阶段那么辛苦。该阶段主要以骨骼和肌肉的发育为主，对于营养的需求不同于雏鸡要求那么高，也不同于成年鸡要满足产蛋的需要。育成鸡抗病能力较强，死亡率也较低，成活率一般都能达到 95% 以上的水平。但是该阶段是由育雏舍封闭或后期半封闭的管理，转入开放式散养并更换了鸡舍。由于环境条件的变化，育成鸡开始会不太适应，需要进行有规律的管理，让育成鸡形成节律性的生活习惯，才能保证育成鸡正常的生长发育，防止意外事故的发生。

目前，该阶段常见的问题有两个，其一是因为突然过度粗放的饲养管理，鸡只采食不到足够的营养而导致营养不良，体重达不到标准，成年阶段会推迟开产时间。另外，因饲料供给量不足还能导致鸡只体重两极分化，体重轻的越来越瘦弱而导致部分鸡死亡，体重大的育成鸡生长发育快，鸡没有达到体成熟之前就达到了性成熟，开产日龄早，但是早产鸡年平均产蛋率低，所以育成期间要控制鸡的增重速度。两极分化的结果致使鸡群均匀度降低，成年鸡阶段没有明显的产蛋高峰期，平均产蛋率降低。其二是鸡胆小容易受到惊吓，加之对环境改变的不适应，易造成意外事故。尤其在雷雨大风等极端天气，育成鸡因恐慌而扎堆，致使大批的鸡只被压死。因此，要使散养蛋鸡获得较高的产蛋能力，育成阶段也要进行精细科学的饲养管理。

第二节　育成鸡饲养管理技术

一、分群

1.公鸡和母鸡分群管理

育雏阶段公鸡和母鸡生长速度差异很大，公鸡生长快而且强壮所以要分开饲养，最好有单独的圈舍，也可以用塑料网将鸡群分隔开。

2.200~400只鸡为一群的区域化管理（图4-1）

散养蛋鸡养殖场户饲养鸡的数量较多规模较大时，要根据饲养规模大小和环境条件对其进行分群，进行区域化管理，并按鸡的数量分配水槽、料槽、休息舍面积和运动场，以便于加强对育成鸡只的管理。通常将公鸡或母鸡分成200~400只大小的群体，进行单独管理。分群过程中将体重相近的鸡分到一起，定期称量体重，对体重大的鸡只限制饲喂，对体重偏轻的鸡只进行补料。限制饲喂的方法可采用降低精料给量，增加青菜喂量，但要使鸡能够吃饱；还可以降低饲喂料的总量，一般只饲喂总量的80%，可视情况增加或减少饲料的给量。

二、育成鸡的饲料供给

1.饲料成分

母鸡和不做童子鸡出售的公鸡，饲喂育成鸡的全价日粮。如果育成公鸡作为童子鸡出售时，要改变饲料的营养结构，以原粮和原粮的副产品辅以青绿多汁饲料或优质牧草颗粒，提高童子鸡肉品质

图4-1 规模化养鸡特点

量。育成期营养水平不宜过高，应该定期称量体重，根据体重结果来调整营养成分的比例和饲料供给总量，结合光照的控制，使130日龄育成鸡的体成熟和性成熟同步完成。育成鸡在70~84日龄性腺开始发育，高水平的蛋白质会促进其性腺的发育，使鸡只提前开产生产小鸡蛋，还会影响整个产蛋期，使高峰期缩短，鸡群产蛋率降低。因此，育成期要控制好蛋白质的含量，一般育成鸡饲料蛋白含量为14%~15%。

2. 饲喂方法（图4-2）

（a）

（b）

图4-2 成鸡饲喂方法

（1）计算出育成鸡每天供给的饲料总量，在上午和下午分两次供给，下午饲喂的饲料量要稍大。注意饲喂时要准备充足的料槽，保证80%以上的鸡能够同时采食到饲料。并且每次饲喂时鸡都能将饲料全部采食干净，始终让鸡保持旺盛的食欲。如果料槽内始终有饲料，鸡容易养成挑食的毛病。

（2）喂料和饮水都在特殊的区域内进行，有条件的要用塑料网围起来，只有在饲喂的时候才能允许鸡只到这个区域内活动，这种管理方式便于清洁和消毒，也能很好控制饲料的给量。青菜的补饲在运动场中进行，制作青菜补饲栏，将青绿饲料悬挂起来，避免粪便的污染，也能增强鸡只的体能。

（3）为保证饮用水的清洁，可以用铁丝网将饮水器和料槽圈起来，既可以自由饮用和采食，又能防止污染饲料和饮水。

（4）在运动场周边可以设置补充沙砾的料槽，沙砾的大小约4~6毫米，供育成鸡自由采食。

3.定期称重

定期对鸡群进行称重，控制育雏鸡均匀度。称重时每个圈舍随机称量10只，计算平均体重。每周称量一次，并做好记录。称重时要固定时间，一般在晚上鸡进入鸡舍安静的时候进行，时间要固定，这样才能进行比较。市场上有专为称量鸡体重设计的台式秤称量比较方便。也可以将鸡的两条腿拉直，用布将鸡包裹，鸡仅露出头部和鸡腿，普通的秤就可以称量，这种方法优于用绳捆腿，可以很好地保护鸡。

柴鸡品种混杂，没有系统的体重数据，现提供品种鸡的体重标准仅供参考（表4-1）。

表4-1　各种鸡体重标准

周龄	轻型鸡（白壳）	中型鸡（粉壳）
出壳	36	40
1	61	70
2	100	120
3	170	180
4	250	250
5	320	330
6	420	420
7	510	520

（续表）

周龄	轻型鸡（白壳）	中型鸡（粉壳）
8	600	620
9	690	720
10	780	810
11	860	900
12	940	980
13	1010	1070
14	1080	1150
15	1120	1240
16	1160	1320
17	1210	1410
18	1270	1500
19	1330	1590
20	1400	1690

注意：称量体重时要看整群鸡的均匀程度，不同品种鸡的体重有差别，要根据鸡的精神状态，以及鸡采食饲料情况来综合判断。

三、育成鸡的光照制度

1. 光照原则

给光原则：育成期间光照时间不用延长，光照的强度恒定不变。在更换灯泡时，要用相同功率的灯泡。可以安装定时开关，保证光照时间恒定。

2. 光照时间

雏鸡出壳是在 4 月 1 日至 9 月 15 日的，育成期间采用自然光照。

雏鸡出壳是在 9 月 16 日到翌年 3 月 31 日的，育成期间的光照选择日照最长的一天，整个育成期按这个日照时间恒定给光（北京地区日出和日落时间表见第五章相关内容）。

四、锻炼鸡只上栖架

对于刚转入育成舍的育成鸡，不熟悉新的环境，只有少部分鸡只可以直接到栖架上休息（图4-3）。为锻炼鸡只在栖架上休息的习惯，转入鸡舍初期要在夜间光线暗的时候，将地面上的鸡逐只抱到栖架上，形成习惯后，鸡只会自动到栖架上休息。鸡舍栖架设计的原则见第五章相关内容。

图4-3 锻炼鸡只上栖架休息

五、防止惊吓和野生动物伤害引发育成鸡意外死亡

（1）鸡只的听觉不如哺乳动物灵敏，但是对突如其来的噪声会惊恐不安，乱飞乱叫，尤其暴风雨天气容易发生扎堆造成大批鸡只死亡。因此，在夏季遇到暴风雨天气时，要提前将鸡只关到鸡舍内。如鸡只惊恐时，饲养员站到鸡舍内，能缓解育成鸡紧张的情绪，鸡只扎堆时立即人为扒开。如果鸡舍很暗时，要打开电灯。鸡舍可以安装收音机等设备，偶尔播放一段音乐或广播可以让鸡不至于对突如其来的声音特别敏感。

（2）鸡舍远离村庄时，野生动物容易伤害鸡，夜晚关好门窗，要用铁丝网或木板遮挡鸡的休息舍，防治黄鼠狼等动物伤鸡（图4-4）。

图4-4 安装鸡舍防护网或木挡板

六、制订每日工作计划培训鸡只生活规律

1. 制订一日工作计划的原因

（1）客观因素。雏鸡转到育成舍，环境条件以及日常的管理发生了很大变化，鸡只除在鸡舍内休息外，还要在室外活动。有的鸡只不适应这种环境条件的变化，对新环境也没有安全感，所以会影响到鸡只的生长和发育。

（2）人为因素。由育雏转入育成，饲养者会觉得比育雏时期轻松，饲养人员对育成工作的重要性认识不足，思想容易麻痹，管理时紧时松，饲喂饥一顿饱一顿，严重影响到育雏鸡的生长发育。

因此，对育成期间制订每日工作计划，可以加强对育成鸡的饲养管理，让鸡有规律有节奏地生活，也能形成节律性的生活习惯。

2. 育成鸡一日工作计划

（1）制订计划的原则。固定时间，明确任务。

（2）工作计划的内容。既要固定饲喂和饮水的时间，还要固定清理粪便、鸡舍消毒、加工饲料、打扫卫生、开关灯等的时间。随着季节的变化，不同季节饲养育成鸡要灵活掌握，合理安排工作时间。

（3）声音训练。部分工作要和固定的声音结合起来，形成条件反射。重点是饲喂鸡只时可以打口哨、敲铁片、敲铁盆等，时间长了鸡就能够形成条件反射。

育成鸡一日工作计划见本章附件2（仅供参考）。

3. 注意事项

制订了工作计划以后，要按时对育成鸡进行管理，持之以恒才能形成规律。

七、选择与淘汰

为获得优质高产的产蛋母鸡，必须培育好育成鸡。

优良育成鸡群的要求：鸡群体重比较均匀、体重达到品种的标准、体质结实、骨骼发育良好、被毛光亮、精神状态良好。

因此，对于育成阶段强调精细化管理，确保育成阶段鸡能正常生长发育为产蛋期间奠定基础。分别在 45 日龄（育成开始）、80 日龄和 115 日龄（产蛋期开始）对鸡群进行整理，及时淘汰鸡群中跛脚、瘦小和有病的鸡，以减少饲料浪费降低养殖成本。

八、断喙

只有在鸡群有啄癖的时候，为减少伤亡才对育成鸡采取断喙的措施。

断喙采用热断法，用热的烧灼刀片，切除上下喙的一部分。

操作方法：右手捉鸡，左手固定。拇指放在鸡头背部，食指放在咽下，稍施压力，使鸡缩舌。将鸡喙伸到断喙器刀片下，头部稍向下，切去上喙 1/4，切面与刀片接触 3 秒，左右熨烫，使喙前缘变平。

断喙后立即供给饲料和饮水，料槽内加满饲料，水槽加满清水。在饲料中也添加维生素 K，促进鸡的止血。

附件 2

育成鸡每日工作计划（夏季）

时间	工作任务
6:00	打开鸡舍门，让鸡只到鸡舍外活动
6:00~7:00	饮水器清洗消毒 充满清洁饮水
7:00~7:30	喂料（全天总量的 40%）
8:30~9:30	清理鸡舍粪便 打扫卫生 鸡舍消毒
10:00	补水，饲喂青绿饲料
11:00	观察鸡群状况
下午	
14:00	补水
15:00~16:30	加工饲料
17:00	喂料（全天总量的 60%）
19:00	关好鸡舍门，收鸡
20:00	听鸡群动静有无咳嗽等异常声音 称重 记录生产情况

第五章

成年鸡饲养管理

第一节 开产前（106~130日龄）

一、开产前饲养

蛋鸡开产前，散养蛋鸡除维持自身生长发育和活动所需要的营养物质外，还需要对钙进行储备，以满足产蛋时对钙的需要。因此，该阶段要饲料中除满足蛋白质和能量的需要外，日粮要增加钙的含量，一般通过在饲料中添加石粉、磷酸氢钙等，使散养鸡饲料中钙的含量达到2%。也可以在运动场设置一个料槽专门补饲贝壳米，让鸡自由采食。

二、开产前管理

1.产蛋箱

鸡舍的产蛋箱要提前安放，对已经使用过的产蛋箱在开产前要进行清理消毒，产蛋箱的垫料要进行更换，选择柔软干燥的草、刨花均可。

（1）产蛋箱的设计原则

①鸡觉得安全，可以自由出入。

② 要有足够的空间。

③ 鸡只产蛋时趴卧舒服。

④ 产蛋箱内比较暗。

（2）产蛋箱的类型

① 后部取蛋式产蛋箱（图5-1）。优点可以不进入鸡舍就能取走鸡蛋，前口扇形遮挡面积大，材料颜色黑色增加隐蔽性，可以让客户自己在鸡舍外取蛋。

（a）后部取蛋式产蛋箱

（b）取蛋口

（c）内部做成黑色

（d）产蛋箱使用情况

图5-1　后部取蛋式产蛋箱

② 隐蔽式产蛋箱（图5-2）。优点是产蛋箱前面有影壁墙遮

（a）隐蔽式产蛋箱正面

（b）隐蔽式产蛋箱侧面

（c）隐蔽式产蛋箱后面

（d）隐蔽式产蛋箱斜面

图5-2　隐蔽式产蛋箱

挡，影壁墙下设有猫洞供鸡进出，猫洞口与产蛋箱口错开，从外边观察不到产蛋窝内的情况。影壁墙与产蛋箱间距离人不能通过。产蛋箱后面设有取蛋口，鸡蛋从后面取走。

　　③多层产蛋箱（图5-3）。分为两层或多层，上层鸡较少。

　　④其他类型的产蛋箱。产蛋箱的制作建议就地取材因地制宜。只要满足散养蛋鸡对于产蛋时场所的需要就可以了。下面列举了养殖户根据自己的条件设计了很多不同形式的产蛋箱（图5-4、图5-5、图5-6、图5-7、图5-8和图5-9）。如卵形产蛋箱鸡可以

（a）产蛋箱数量少上层太高　　　　（b）鸡舍多层产蛋箱

图5-3　多层产蛋箱

（a）卵式产蛋箱侧面　　　　　　（b）卵式产蛋箱正面

图5-4　卵式产蛋箱

（a）悬挂式产蛋箱　　　　　　　（b）悬挂式产蛋箱

图5-5　悬挂式产蛋箱

图 5-6　柔软垫草垫窝

图 5-7　鸡舍上部产蛋箱

图 5-8　竹筐用石棉瓦遮挡

图 5-9　塔式产蛋箱

从两侧出入，但占用空间较大。产蛋箱内垫柔软的垫草，鸡喜欢趴窝。节省占地面积的塔式产蛋箱等，虽然有些产蛋箱的设计存在明显的缺陷，但都是养殖者智慧的结晶。

（3）注意事项。禁止鸡在产蛋箱内过夜，减少粪便污染鸡蛋，避免产生粪污蛋。

产蛋箱内垫料要洁净柔软，禁止用塑料袋、塑料编织袋及混有细绳的垫料，防止缠绕鸡爪伤鸡或将鸡蛋带出产蛋箱而破损（图5-10至图5-13）。

图 5-10　线绳缠绕鸡爪引起坏死

图 5-11　产蛋箱内垫塑料袋

图 5-12　产蛋箱垫蛇皮袋后期变化

图 5-13　产蛋箱空间小影响鸡趴卧

　　散养蛋鸡产蛋比较集中，要准备足够的产蛋箱让鸡使用，普遍存在的问题是产蛋箱少，鸡不得不到处找适宜产蛋的地方，容易丢蛋。隐蔽处产蛋积累到 10 个左右后，人不能及时发现并将鸡蛋取走，鸡容易抱窝，抱窝期间鸡休产（图 5-14、图 5-15）。

　　新放置的产蛋箱可以在内放 2 枚鸡蛋作为"引蛋"，鸡愿意在有蛋的地方产蛋。

　　2. 栖架

　　鸡夜间喜欢栖息在树枝上，对于大规模饲养的散养蛋鸡可以根据鸡的生活习性，人工制作供鸡栖息的栖架（图 5-16）。

图 5-14 产蛋箱高度低鸡无安全感

图 5-15 树上产蛋箱

图 5-16 鸡上树栖息

（1）栖架的设计原则。便于鸡抓握，满足鸡只的生理习性。

能够充分利用鸡舍的空间，用斜面来增加鸡舍的利用面积。

栖架设计时要考虑便于补充光照，光照强度均匀，力求不留死角。

栖架最下层可以设计成活动的结构，方便清理粪便。

栖架要便于消毒。

栖架材料最好选用木质材料，金属材料不宜在冬季使用，并且消毒液容易使其腐蚀。

（2）制作栖架。栖架制作时遵循鸡的生活习性，按照栖架的原则，要就地取材，降低基础设施的成本。鸡舍内要根据鸡的存栏量设计制作相应数量的栖架，满足鸡夜间栖息的需要。为了让鸡有安全感，鸡休息的圈舍要距离人居住的地方较近，或者在鸡舍远离人居住的地方拴狗，也能增加安全感。

（3）使用栖架的优点。为鸡提供适宜的休息条件，满足其生活特性的需要。

便于管理如清理粪便，科学补充光照等。

减少和粪便土壤的接触，减少寄生虫病的感染，尤其是体外寄生虫病的发生。

（4）栖架的类型。鸡舍内栖架种类共计5种，分别是斜杠式（图5-17）、阶梯式（图5-18）、折叠式和梯形台式（图5-19）、平面式（图5-20）和梯形台式栖架（图5-21）。

（a）

（b）

（c）

（d）

图5-17　斜杠式栖架

（a）

（b）

图 5-18 阶梯式栖架

图 5-19 折叠式和梯形台式栖架

图 5-20 平面式栖架

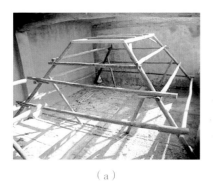
（a）

（b）

图 5-21 梯形台式栖架

（5）制作栖架注意事项。制作栖架的材料可选择比较细的圆木杆，直径3~4厘米为宜。如用方木、木板则粪便容易附着在栖架上。如用直径太粗的原木则鸡只能站在上面（图5-22），另外也是对材料的一种浪费。

栖架层与层之间要错开，每层粪便都要直接落到地面，不能没有空隙使粪便堆积，也不能落到下层鸡的身上（图5-23）。

栖架圆木杆要固定结实能够负重，鸡才能在上面休息（图5-24）。

图5-22　圆木杆太粗

图5-23　粪便不能落到地面

（a）方木栖架且层与层斜面小

（b）层与层木杆垂直

（c）木杆没有固定　　　　（d）固定端设计成方便拿放的活结

图5-24　几种有问题栖架和方便栖架

第二节　产蛋期（131~500日龄）

一、产蛋鸡的饲养

1.产蛋期间散养蛋鸡饲料营养

每只高产的母鸡每年要生产180枚鸡蛋，约9千克，其中蛋白质1.06千克（占11.8%左右），脂肪0.99千克（占11%左右），矿物质1.05千克（占11.7%左右），而且鸡蛋中还富含多种维生素，含有各种氨基酸，一枚鸡蛋含有一个生命体所需要的一切物质，鸡蛋的营养价值高于奶类和肉类。鸡只要生产鸡蛋，必须从饲料中获得远高于鸡蛋的营养。因此，提供给散养蛋鸡的饲料要求营养丰富，要有足够的能量、蛋白质（鸡必须摄取11种氨基酸），各种矿物质和维生素也必不可少。目前，散养蛋鸡产蛋率低，饲料营养不足是主要原因之一。

2.散养蛋鸡的饲料构成

散养蛋鸡的饲料由两部分组成：一部分是精料占80%，另一部分是青绿饲料或优质干牧草占20%。

（1）精料。用原粮和原粮的副产品配合。要保证比较高的生产性能，必须满足鸡对能量、蛋白质、必需氨基酸、主要矿物质和维生素的摄入量，才能为鸡产蛋提供物质保障。

（2）青绿饲料。可以饲喂牧草、蔬菜、瓜果等。青绿饲料能够提供多种维生素、矿物质等营养物质。另外，青绿饲料中的叶绿素等会影响蛋黄的颜色，很多味道浓厚的蔬菜还会影响到鸡蛋的味道，提升散养鸡蛋的品质。

3. 产蛋期饲料分为 3 个阶段

（1）产蛋前期。130~180 日龄有些鸡开始产蛋，产蛋鸡数量在增加，但还没有达到产蛋高峰期。散养蛋鸡在此阶段会因不同的品种、饲养条件和季节因素，开产日龄提前或延迟，春天育雏的鸡只开产日龄较早，深秋或冬天育雏的鸡只开产日龄会延迟。鸡群产蛋率 5% 时要将饲料的钙含量提高到 2%，间隔 1 个月提高到 3%，伴随钙含量的变化饲料中的蛋白含量也逐渐过渡，180 日龄时蛋白质含量要达到 16%。

（2）产蛋高峰期。180~360 日龄为散养蛋鸡高峰产蛋期，饲料中的营养蛋白质要达到 17%，钙含量要达到 3%。

（3）产蛋后期。360 日龄至淘汰，要根据产蛋率情况，降低饲料中蛋白质和能量的含量，提高饲料中钙含量达到 3.7%~4.0%，并对鸡只进行限制饲喂，饲喂饲料总量是高峰期的 90%~95%。

4. 散养蛋鸡常用的饲料原料

（1）能量饲料。谷物类饲料如玉米、小麦、麸皮等；玉米要求籽粒饱满颜色以红黄和黄色为最佳，如精料中小麦量较高，要在饲料中加酶制剂，并且要粉碎后饲喂。

（2）蛋白饲料。饼粕类饲料如豆粕、棉粕、菜籽粕；动物类如鱼粉等。牧草类如干苜蓿草等，蛋白类饲料尽量用豆粕，添加棉粕和菜粕会影响鸡蛋的口感，大剂量或质量较差的棉粕还会导致生产"橡皮蛋"和"黑心蛋"。

（3）矿物质饲料。含钙饲料如磷酸氢钙、石粉、贝壳粉和蛋壳等。

（4）工业合成的维生素维生素 B 族、维生素 D 等。

（5）青绿饲料。蔬菜类如白菜、南瓜、水果等；块根块茎类如胡萝卜、马铃薯等；野草和牧草等。

5. 配合精料注意的问题

（1）要选用优质的饲料原料。玉米以黄红色最佳，金黄色次之，籽粒饱满，无霉变；豆粕要求黄色，豆皮含量少，颗粒大小适中，太细的鸡不喜欢采食。麸皮无杂质，存储时间不能过长，板结污黑的麸皮不用。

（2）检测原料。有条件的养殖场（户）要检测所有原料的营养成分。

（3）严格按混合技术操作。防止混合不均造成饲料质量问题。目前，农户混合饲料因为工作量大或缺乏混合设备等原因，普遍存在混合的次数少和操作不规范的问题。

（4）配合饲料成分比例不准确。最初配料时对原料进行称量，时间久了不进行称量仅凭借经验来取原料，致使饲料营养忽高忽低，影响了鸡的生产性能的发挥。

（5）每个批次的原料和成品料留样。以备出现问题时检验样品，查找问题原因。

6. 饲喂方法（图5-25）

（a）　　　　　　　　　　　（b）

图5-25　鸡的饲喂形式

（1）精料供给量。每只鸡每天 110~125 克，根据鸡采食饲料是否有剩余，来确定饲料的添加量。

（2）饲喂次数。一日的饲料分 3 次供给，分别在上午 7:30 和 11:00 以及下午 4:00，第一次饲喂 30%，第二次饲喂 30%，第三次饲喂 40%。

（3）钙的补充。可以在鸡舍的运动场周围设封闭的料筒，放置贝壳米让鸡只自由采食。

（4）青菜补饲。每天的上午 10:00 和下午 2:00 饲喂青绿饲料。

7. 注意事项

（1）饲料量供给不足。有的养殖户饲喂的精料不足 100 克，而且每天喂料量随意性大，勉强能维持鸡只的生命，该现象在散养户普遍存在是制约产蛋期产蛋率的主要问题。

（2）饲料单一营养不全。消费者普遍认为"散养鸡"吃的饲料只能是玉米、青菜和昆虫，养殖户也普遍按照这种方式饲喂玉米、麸皮等饲料，致使营养缺乏产蛋率很低。

鸡蛋是生命体，它含有丰富的营养，其功能之一是用来繁衍后代延续种族。散养的情况下要按照鸡的生活规律，提供自然光、呼吸新鲜空气、自由活动和自由采食等条件，使鸡处于健康状态，为人们提供营养丰富的食品。如果让鸡始终处于饥饿的应激状态，生产的蛋是有悖人们的健康观念的，这和笼养时鸡处于应激的状态，只是内容不同，也属于应激蛋。因此，要获得健康的优质鸡蛋，首先要保证鸡的健康，科学合理的供给散养蛋鸡日粮，禁止使用激素类产品，多种原粮科学搭配形成优势互补，既可以降低散养蛋鸡的成本，又能够生产出优质健康的散养蛋鸡产品。实践证明科学合理的散养鸡配合饲料，不但保证了散养鸡蛋和鸡肉浓厚鲜美的味道，还提高了产蛋率，增加了养殖户的经济效益。

二、产蛋鸡的光照管理

散养蛋鸡一般采用自然光照，在性成熟以后，要维持较高的产蛋能力，充足的光照是其高产必不可少的条件之一。

（1）光照制度原则——能延长，不能缩短。光照时间不能少于育成鸡阶段；不能减少光照强度；日照和补充光照的时间总和恒定在 15 小时或 16 小时，且开关灯的时间要固定。

（2）光照强度。每平方米为 3.2~4 瓦，光照强度为 10 勒克斯，光照强度最低不能低于每平方米 3.2 瓦。

（3）灯泡的布局。悬挂高度为 1.5~2 米，每 10 米悬挂 40 瓦灯泡一个。或者灯头距离地面 1.5 米，灯头与灯头之间的距离为 4 米，灯头距离墙壁之间的距离是 2 米，灯头的距离应为灯的高度的 1~1.5 倍。一般使用 40 瓦的灯泡，不建议使用大于 60 瓦的灯泡，以免光照强度分布的不均匀。

（4）光照时间。恒定在 15 小时或 16 小时。散养蛋鸡采用自然光 + 人工光照，有效的自然光照时间为早晨日出前半小时至日落后半小时这段时间。自然光照不足 16 小时，用人工光照补充，使光照时间恒定。

（5）光照时间变化要求。在育成鸡光照时间基础上增加；130 天左右开始；循序渐进，每周增加光照 30 分钟；开关灯时间确定后恒定，该批鸡一直沿用不能随意更改。

在一年中夏至光照时间最长，冬至的光照时间最短。由夏至到冬至光照时间逐渐在缩短，由冬至到夏至光照时间逐渐在延长。因此补充人工光照时可以固定早晨开灯和晚上关灯的时间，就可以保持光照时间的恒定，而且容易操作。其他时间的自然光照参见北京地区日出和日落时间表（附件 3）。

附件3

北京地区日出日落时间

月	日	日出时间	日落时间	月	日	日出时间	日落时间
1	1	7:37	17:00	7	1	4:49	19:47
1	11	7:36	17:09	7	11	4:55	19:45
1	21	7:32	17:20	7	21	5:03	19:39
2	1	7:24	17:34	8	1	5:13	19:29
2	11	7:13	17:46	8	11	5:22	19:17
2	21	7:00	17:57	8	21	5:31	19:04
3	1	6:49	18:06	9	1	5:42	18:47
3	11	6:34	18:17	9	11	5:51	18:31
3	21	6:18	18:27	9	21	6:01	18:14
4	1	6:00	18:39	10	1	6:10	17:58
4	11	5:44	18:49	10	11	6:20	17:42
4	21	5:29	18:59	10	21	6:31	17:27
5	1	5:16	19:09	11	1	6:43	17:13
5	11	5:44	18:49	11	11	6:55	17:02
5	21	5:29	18:59	11	21	7:06	16:55
6	1	4:48	19:37	12	1	7:17	16:50
6	11	4:46	19:43	12	11	7:26	16:50
6	21	4:46	19:47	12	21	7:33	16:53

（6）增加光照前注意事项。增加光照前，要仔细观察鸡群，视鸡群体重，个别鸡只是否已经开始产蛋等情况来确定改变光照的时间。散养蛋鸡发育较差，不具备开产的条件时，提前补充光照对鸡只进行光照刺激，将产生小于正常的鸡蛋，并且会使产蛋高峰期缩短，高峰期产蛋率降低。在阴天光照强度不足时，鸡舍白天也要开灯适当补充光照。

（7）白炽灯和荧光灯的区别。白炽灯有灯罩可增加45%~50%

的光照强度。

相同瓦数的荧光灯比白炽灯光照强度增加4倍，如产蛋期用白炽灯每平方米光照强度为3.2瓦，用荧光灯只需要0.8瓦。但荧光灯只有在21~27℃才能发光正常，如果温度在1~1.4℃，光照强度仅为正常发光的60%，所以建议寒冷季节使用白炽灯泡。

三、挑选不产蛋鸡

散养蛋鸡产蛋率平均为40%左右，部分散养蛋鸡长期不产蛋，白白消耗饲料。

一般每只鸡每天的饲料成本约为0.25元，每只鸡每个月饲料成本7.5元。因此饲养不产蛋的母鸡，增加了养殖成本，降低了养殖户的经济效益。如果能够将不产蛋的散养蛋鸡及时挑选出来，进行科学的分类，可恢复的进行科学的饲养管理，不可恢复的立即予以淘汰。可以降低养殖投入的总成本，减轻养殖户的经济负担，实现散养蛋鸡经济效益的最大化。

挑选不产蛋鸡要进行综合的判定，可以通过眼观、触摸和翻肛的方法进行挑选。

1. 初步筛选

（1）静态观察。散养蛋鸡离群呆立、精神不好、被毛粗乱、鸡冠肉垂萎缩苍白或者紫红（发绀）等表现（图5-26）。

（2）动态观察。有些鸡饲喂时没有食欲，不主动抢食；在

图5-26 蛋鸡筛选方法

墙角或运动场的边缘不愿运动，遇到噪声或呼唤反应迟钝或不反应；另一种鸡活动敏捷，经常追随公鸡乱跑，很少或不到产蛋箱内趴窝；第三种鸡食欲和精神正常，被毛光亮能吃能喝，但活动不灵活。

通过观察将有上述表现的鸡只挑选出来，挑选鸡只时要减少对鸡群的应激，不能全群都抓。另外，饲养员平时要经常性随时将鸡只抱起抚摸鸡只，时间长了就能增加人和鸡只的亲和力，即所谓的"情感养鸡"。将鸡只挑选后，分别进行触摸鉴定。

2.触摸鉴别

对初选的鸡只用手触摸鸡的腹部，根据腹部的不同情况来寻找散养蛋鸡不产蛋的鸡。触摸方法：将鸡只两腿抓住，用手测量鸡两耻骨间的距离，大于2.5个手指具备产蛋的能力，反之不能产蛋。同时触摸鸡的腹部，腹部柔软有弹性为产蛋鸡，腹部很大而且硬，收紧而且小，这种鸡只很少产蛋或者不产蛋。

（1）体重大精神正常，而且腹部硬，两耻骨间不能容纳3指（即通常所说的小于"三指裆"），是因肥胖引发的不产蛋，应该"减肥"，降低饲料的营养水平或减少饲料的给量，对散养蛋鸡要定期称重，根据体重的变化调整饲料。

注意：体重下降的速度不能过快，要循序渐进，并且要增加散养蛋鸡的运动量，每天可进行驱赶或跳跃等运动，可将补饲的青菜悬挂起来，散养蛋鸡只有跳起来才能采食到青菜，强迫其活动。

（2）体重轻精神状态不好，而且腹部紧缩，两耻骨间不能容纳2.5个手指，多因营养不良、下痢、消耗性疾病（如寄生虫病）或是因为病程较长引发的消瘦，此类不产蛋鸡要区别对待。治疗疾病，增加营养也是能够恢复正常产蛋能力。

（3）对于体况特别差无法恢复的鸡只要立即淘汰。

（4）体况有恢复可能的鸡只根据情况区别对待。

其一，营养不良的原因引发的不产蛋，要增加营养。

目前，山区养殖的精料主要成分是玉米和麸皮，要减少麸皮所占的比例，增加部分豆粕和玉米，提高饲料的营养水平。另外要保证散养蛋鸡能吃饱，每天每100只散养蛋鸡精料饲喂总量不能少于11.5千克。

其二，疾病引发的散养蛋鸡不产蛋，要对症治疗。

寄生虫病对散养蛋鸡危害最大，如球虫病、鸡蛔虫病、异刺线虫病和组织滴虫病等，要定期驱虫。条件菌引发的细菌性疾病，要根据药物敏感试验结果，投服敏感性药物。加强鸡群的管理，建立健全的卫生防疫消毒制度，尤其是在春季不产蛋的鸡，多为病鸡要及时淘汰。

其三，换羽的原因造成鸡只不产蛋，要耐心等待。

精神状态良好体重适中而且腹部柔软，两耻骨间也能容纳2.5个手指，但是没有产蛋的鸡。首先，观察散养蛋鸡是否换羽，蛋鸡更换主翼羽时不下蛋（位于翅膀尖的十根羽毛）。主翼羽从羽毛的脱落到生长完全，需要4周的时间。低产的鸡主翼羽全部更换完大约需要4个月的时间；高产的鸡每一次脱落2~3根，休产的时间

（a）鸡翅膀羽毛腹面　　　　　（b）鸡翅膀羽毛背面

图5-27　查看蛋鸡翅膀

也相对缩短。因为换羽引发的散养蛋鸡不产蛋，属于正常的生理现象，只能耐心等待散养蛋鸡的下一个产蛋周期（图 5-27）。如果不是因换羽引发的不产蛋，我们通过翻肛的方法做进一步的鉴定。

注意：查看翼羽是否是换羽：要仔细认真观察。翼羽折断不属于换羽，而是因为饲料中营养物质缺乏造成的现象。一般情况下换羽会有新的羽毛长出来，要注意分辨。

其四，鸡只就巢的原因造成的不产蛋，要对其醒抱。就巢俗称"抱窝""炸鸡"，就巢鸡只休产是处于特殊的生理阶段的一种正常现象。有些地方品种鸡就巢现象严重，如产绿壳蛋的黑羽乌鸡等地方品种。高产鸡如经过选育或引入高产血缘的鸡很少有就巢现象，如来航鸡系列的"京白939"、海兰灰等。针对就巢现象可以用醒抱笼来帮助醒抱。

就巢鸡的表现：鸡趴伏保持身体下部温度；鸡只在产蛋箱内抱孵鸡蛋；喜欢安静光线较暗的场所；鸡毛炸起，咕咕叫。

醒抱笼促进鸡醒抱的原理：将鸡放入笼子内，将笼子放置在阴凉、通风良好的地方，并要将鸡笼悬空保证鸡身体下部空气流通。醒抱笼内要有水槽和料槽让鸡只自由采食，确保鸡只醒抱后很快恢复体质，迅速产蛋（图 5-28）。

图 5-28　醒抱笼

3.翻肛鉴别

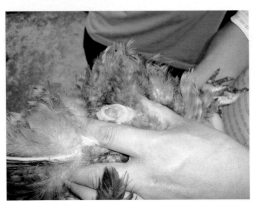

图 5-29　翻肛鉴别方法

翻肛的方法（图5-29）：用右手抓住散养蛋鸡大腿根部，稍加力使腹内压增大，左手拇指从鸡只的腹部往上顶，使腹内压进一步增大。然后，左手拇指和其余四指成"八"字形，放置在鸡的肛门处，分别向外侧用力。如果能够轻易翻开泄殖腔，并且能够见到两个开口，一个是泄殖腔开口，另一个是输卵管开口，证明该鸡能产蛋；如果不能轻易翻开说明不产蛋。

注意：翻肛鉴别要求动作要轻，必须掌握翻肛的动作要领，它是熟练工种，需要长期反复的练习，如果方法不对或动作粗暴，容易造成鸡只患腹膜炎。

4.剖检鉴定

经过上述方法确定散养蛋鸡具备产蛋的能力，但是单独饲养仍然长时间不下蛋时，就需要找当地的兽医，做最后的剖检鉴定。

剖检时随机选取散养蛋鸡，宰杀后观察生殖系统的发育情况，如卵巢、输卵管发育是否正常，有没有成熟的卵泡等，很多先天和后天的疾病以及不正确的给药（如产蛋期投服磺胺类药物）均会引发散养蛋鸡不产蛋，而鸡只没有任何临床异常表现。视情况饲养者可以根据兽医的剖检结果和专业人员的建议，采取相应的措施。如因投服药物（磺胺类）致鸡只不产蛋的可以通过化验室，检测药物残留来确定。先天不育的鸡没有饲养价值，要进行淘汰。

四、散养蛋鸡运动场的管理

目前，北京地区散养蛋鸡根据鸡舍的位置分为以下几种形式：在山坡上饲养；在果园或树林内饲养；在院落内饲养和在平地内饲养。

蛋鸡一天中除夜间休息外，有60%以上的时间在运动场内生活，散养蛋鸡的所有管理活动都是在运动场内进行的。运动场的设计和布局不但关系到散养蛋鸡的生存空间的质量，还直接影响到饲养者的劳动强度。

1.运动场设计原则

以鸡只为核心；因地制宜；能放能收；作业方便；布局科学合理。

（1）在对运动场进行规划时，要以鸡只为核心。按照鸡只的生活习性及特点来安排，尽可能为鸡只提供舒适、安全、卫生的生存环境。如鸡只夜晚喜欢在距离人住的房子较近的地方休息，鸡喜欢沙浴，喜欢在栖架上休息等。

（2）因地制宜。养殖场（户）可根据自己的环境条件，饲养规模以及经济条件，本着经济实用的原则进行设计，避免搞形象工程劳民伤财。

（3）布局科学，作业方便。对休息场所、运动场所、饲料贮存场所、饲喂场所、粪便堆肥发酵场所等要进行科学规划，一方面方便饲养人员工作和管理；另一方面充分利用现有空间。

（4）能放能收。散养蛋鸡要能自由活动，充分享受阳光浴，但是要做到收放自如，让鸡只形成有规律的生活习惯。很多养殖户有充足的空间，鸡只也能自由活动，但是缺乏有效的控制，很多鸡只丢蛋，还有的鸡只抱窝而发现不了，时常会有老母鸡只带着一群新孵化出来的雏鸡从隐蔽处出来，让人啼笑皆非。夜晚有的鸡只不回鸡舍休息，而被野生动物偷食造成不必要的损失。对鸡舍可以用网子圈起来，划分成几个区域，对鸡只进行控制，又能防止野生动物偷食。

2. 运动场所的区域划分

运动场所主要包括饲喂场所、运动场所、产蛋区域、鸡粪堆肥发酵场所等。养殖场应有足够大的场地面积，如在果园、山坡、林地等饲养散养蛋鸡，养殖户最好要隔离出一定的区域做饲喂场所，以便于对这些关键环节进行重点管理。通过对区域进行划分，很难对整个运动场所进行消毒的情况下可以对饲喂区域消毒；也能对粪便进行收集、堆肥发酵；平时关闭饲喂区域，还能按时按顿控制饲喂饲料。对于养殖面积较小的养殖户，如能对有限的养殖场地进行有效的控制和管理，一般只需要简单地进行隔离，或是根据面积控制饲养数量而不划分。

（1）饲喂场所。是鸡只采食饲料的场所，该区域饲喂鸡精料、青绿饲料和饮水。通过铁丝网与运动场隔离开。面积大小大体上要求能放下饲喂和饮水设备且有适当的空闲面积，并保证80%以上的鸡只能同时采食即可。饲喂的场所每天要进行清扫，将粪便运到指定地点堆肥发酵。并对地面喷雾消毒一次。有条件的养殖户最好定期向地面撒一些新鲜的黄土或沙土，尤其是雨季清理完粪便后，垫一些新鲜的土。饲喂场所要设计好污水的走向，便于倾倒洗漱的污水和排出雨水。饲喂场所是封闭的，只有在喂鸡的时候开放，其他时间不能让鸡在该区域活动。夏季可以把饮水器放到饲喂所的边缘，鸡通过铁丝网也能喝到水。也可以把饮水器放到运动场，靠近饲喂场所的地方，确保鸡只在全天都能喝到水。

（2）运动场所。运动场所是鸡只白天活动的主要场所，有条件的可以为鸡只建一个沙浴池，可以让鸡只玩耍，也便于清洁体表，放入杀虫剂还能清除体表的寄生虫。在炎热的夏季可以在运动场用遮阳网为鸡搭建凉棚，也可以种植一些树木供鸡乘凉。还要在运动场为鸡搭建些栖架让鸡休息。运动场要设计好排水的通道，保证排水通道的畅通。注意如果运动场有水坑和泥坑，受到粪便的污染，容易滋生寄生虫致使鸡感染寄生虫病，尤其在育成鸡阶段，球虫病可导致大批鸡只死亡。

（3）产蛋场所。产蛋箱要设计在运动场靠近饲喂场所的区域，要求安静安全，相对比较隐蔽，可在产蛋舍墙壁下预留猫洞（图5-30）。产蛋箱数量要满足区域存栏量30%的鸡同时产蛋的需要。一般鸡产蛋高峰期在9:30—11:00，14:00—15:00。这段时间不要到产蛋箱取鸡蛋，取鸡蛋最好在产蛋高峰过后。注意夜晚前还要收集一次鸡蛋，产蛋箱内不要有隔宿蛋。

图5-30　产蛋鸡舍猫洞

（4）粪便堆肥场所。要在鸡场的外边下风向的地方，挖个坑深度在1米，长度和宽度根据饲养的规模，可大可小。底部撒些生石灰，上部用塑料布覆盖，发酵过的粪便及时运到田里施肥。也可以在地面上直接堆肥，如果粪便比较稀，可以掺一些土或青草等一起沤肥，上部用塑料布盖好。

第三节　散养蛋鸡四季管理

一年四季"春温、夏热、秋凉、冬寒"，散养蛋鸡大部分时间在鸡舍外生活，鸡自身发育和生产性能受环境因素影响比较大。鸡只要保持健康，必须适应外界环境的变化，并根据自然环境的变化随时调整自身的体况。对于成年的蛋鸡而言，维持正常的生理状态不存在问题，除非长时间的极端天气，但是要在一年四季均获得较高的生产能力比较困难。散养蛋鸡年平均产蛋率在 40% 左右，而在夏季和寒冬产蛋率平均不足 30%，是一年中生产能力较低的两个季节。因此，夏季的防暑降温和冬季御寒保温是散养蛋鸡季节管理较为突出的两个问题。要根据气候变化特点，有针对性地对散养蛋鸡进行管理，改善散养蛋鸡生存的条件，使其发挥出较高的生产能力，创造较好的经济效益。

一、春季饲养管理

1. 气候特点

春季气温逐渐回升，平均气温仍然很低，温差较大且忽高忽低；日照时间逐渐延长，北京地区风较大，空气干燥。

2. 鸡只本身的特点

在自然光照的情况下是鸡只产蛋率最高的季节，对营养物质的需求增加。但春季气温升高细菌等病原微生物容易滋生繁殖，而且风大容易传播病原微生物，易使鸡感染疫病。另外，春季温度忽高忽低，鸡体内的条件菌容易在机体抵抗力低的时候，引发疾病如感冒、下痢等呼吸道和消化道疾病。

3.饲养管理

（1）增加营养满足鸡只产蛋的需要。经过冬季鸡只体能消耗较大，鸡只的体质状况较差，到了春季要增加饲料的营养，让鸡只尽快恢复体质，并为产蛋蓄积营养物质。此季节不但要注意营养物质的质量，还要满足鸡只的采食量，保证鸡能吃饱。

（2）对鸡舍和运动场等环境进行彻底的清扫消毒。春季疫病高发，要在转暖之前彻底清扫鸡舍，清理粪便进行堆肥发酵，清洁天花板和墙壁的粉尘。地面用生石灰或者用 2%~5% 火碱水消毒。墙壁天花板用普通消毒药（季铵盐类等消毒剂）进行喷雾消毒。注意：冬季鸡舍封闭较严，天花板和墙壁会聚集很多灰尘，清理人员要做好防护，在鸡舍内没有鸡时进行清理，避免造成异物性肺炎。

（3）日常消毒。每周对鸡舍喷雾消毒三次，温度高时可以在气温高的时间进行带鸡消毒。

（4）准备足够的产蛋箱。准备足够的产蛋箱，满足鸡只产蛋的需要，减少脏蛋或破壳蛋的数量。

（5）药物预防。在天气骤变的情况下，投服常用的药物控制机体内的条件菌，预防感冒和下痢等疾病发生。

（6）淘汰不产蛋鸡。春季不产蛋的鸡多为病鸡，应该及时挑选予以淘汰。

二、夏季饲养管理

1.气候特点

气温高；暑热炎天；多雨；潮湿；日照时间长，最长的日照时间在夏至。

2.鸡只自身特点

鸡对热敏感，鸡只散热主要靠呼吸来散热，因其无汗腺；采食量降低；产蛋率低；抗病能力弱。

3. 饲养管理

（1）夜间鸡只在鸡舍内休息要增加鸡舍的通风换气量，可以安装吊扇和风机。吊扇可以增加鸡舍内空气的流动，对防暑降温有一定的作用，尤其有利于在吊扇下部鸡只的防暑。

（2）降低饲养密度每平方米不多于8只；夜间喷雾带鸡消毒；如果鸡舍内饲养密度过大，粪便不及时清理，在高温高湿的情况下鸡只容易发生热射病而引发鸡只死亡。

（3）增加房舍屋顶的厚度，或向房顶散水降温。夏季修缮鸡舍应增加房顶的厚度，或吊顶棚防止辐射热。建设鸡舍时房顶最好建天窗（图5-31）。

（4）增加饮水设备，水源充足保证鸡能及时喝到清洁的饮水，增加换水次数让鸡只喝到

图5-31　建鸡舍预留天窗

清凉的饮水。饮水适宜的温度为10~13℃；当水温达到32~35℃时鸡的饮水量大减；当水温达到44℃以上时，鸡停止饮水。

（5）运动场要用遮阳网搭凉棚，也可以种植树木为鸡只遮阳或在运动场内形成阴凉区域。

（6）投抗热应激药物。每吨饮水加维生素C200~300克或者加碳酸氢钠200~800克，供鸡饮用。也可以将维生素C或碳酸氢钠拌入饲料中，让鸡只采食，也能达到抗热应激的目的。

（7）注意对饮水设备的消毒，每天彻底清洗消毒一次。夏季适合微生物的滋生和繁殖，俗话说"病从口入"，饮水设备是容易被污染的地方，有的养殖户饮水器甚至生长青苔，所以夏季要对饮水

设备进行重点管理（图5-32）。

（8）粪便在高温的情况下容易腐败，增加鸡舍内氨气的刺激性气味降低空气的质量，另外，在高温的环境下，粪便内苍蝇卵会孵化出很多蝇蛆，所以每天要对粪便进行彻底的清理。粪便中通常含有85%的水分，夏季因高温鸡只饮水多会出现稀便，水分的含量会更高，导致鸡舍潮湿。鸡舍粪便清理后，对于潮湿的地方垫黄土或沙土吸湿。同时要加强通风换气，提高鸡舍内空气的质量。

图5-32　水槽内长了苔藓

（9）及时清理运动场的排水通道，确保畅通。夏季雨水较多，如果运动场内有水坑或泥坑，鸡只的粪便会搅和在其中，鸡只在这些地方生活，容易感染寄生虫病和其他传染性疫病（图5-33）。

图5-33　鸡饮用运动场水坑污水

（10）夏季高温鸡只采食量下降，应选择早晚凉爽时间喂鸡，饲料中要增加能量如添加玉米油等，并增加容易消化的青绿多汁饲料。

另外，定期投服抗寄生虫药预防寄生虫病。夏季寄生虫滋生严重，鸡容易感染，如蛔虫、球虫、异刺线虫、鸡羽虱和螨虫等寄生虫病，要定期投服抗寄生虫药物进行预防。

三、秋季饲养管理

1. 气候特点

气温逐渐减低，且昼夜温差较大；日照逐渐缩短；天高云淡，空气干燥清新。

2. 鸡只自身特点

老鸡开始换羽毛；春雏陆续开始产蛋；散养蛋鸡进入第二个产蛋高峰期。

3. 饲养管理

（1）增加营养满足第二个产蛋高峰期的需要。经过炎热的夏季，鸡的体质消耗很大，虽然秋季气候适宜鸡只发挥较高的产蛋性能，但必须要摄取足够的营养物质满足鸡只恢复体质和生产鸡蛋的需要。饲料中注意蛋白质的总量和氨基酸的平衡，还要增加饲料能量、维生素和矿物质的供给。

（2）饲喂管理。分 3 次饲喂精料，分别是上午 7:00 和 11:00；下午 3:00。每一次饲喂要保证料槽没有剩余，使鸡始终保持很好的食欲。

（3）补充人工光照。秋季日照时间逐渐缩短，要保证每天的光照时间恒定在 15 小时或 16 小时，必须及时根据日照时间的变化，晚上关灯和早晨开灯的时间固定不变，调整早晨关灯和晚上开灯的时间。科学合理的光照强度和光照时间，能推迟鸡只更换羽毛，增加产蛋时间。

注意：因秋季日照时间逐渐在缩短，开关灯要随之变化，调整起来比较麻烦，因此很多养殖户对于光照的控制随意性较大，光照时间忽长忽短，长时间不稳定会刺激鸡的激素分泌紊乱，降低产蛋能力。

（4）秋季要存贮足够的青绿饲料如白菜、倭瓜、胡萝卜等，以备冬季和早春饲喂。有的养殖户为预防细菌性疾病如下痢等还要在秋季大蒜价格低的时候贮存大蒜，定期分阶段饲喂能起到一定的预防作用。

（5）驱虫。散养蛋鸡都有不同程度的寄生虫感染，所以要定期进行驱虫，秋季也是驱虫的最好季节之一，一般选择老龄母鸡休产或产蛋率很低的时候，小母鸡还没有开产的时间进行驱虫。注意驱虫药物的选择尤其是马上要开产的青年母鸡不能使用磺胺类驱虫药，否则会降低产蛋率并推迟部分鸡只的开产日龄。驱虫时最好先选择小部分鸡只隔离后用药，观察驱虫效果，确定安全有效以后在大群驱虫，避免意外事故的发生。

（6）抗应激。秋季温差较大，尤其是遇到突然出现的寒冷天气时，要预防性给药预防鸡只呼吸道内的条件菌引发的感冒等疾病，药物可以选择卡那霉素、恩诺沙星、头孢类的抗生素。

（7）修缮鸡舍。在天气较为暖和的时候，对鸡舍进行加厚墙壁、加厚房顶、封堵通风口等修缮，为散养蛋鸡冬季御寒做准备。

（8）整理鸡群淘汰不产蛋鸡。秋季要对鸡群进行整理，按挑选不产蛋鸡的方法，将换羽早和休产的鸡进行淘汰（这些鸡只多为低产鸡和病鸡）。整理鸡群时要对体重较大的和体重较轻的鸡分开管理，有针对性供给饲料，调整鸡群的整体体况。

四、冬季饲养管理

1. 气候特点

冬季气温低；日照时间短，昼短夜长，一年中最短的日照时间在冬至；下雪甚至还有暴风雪；鸡舍内外温差大。

2. 鸡只自身特点

需要更多的能量和营养，来维持自身需要；饲料消化率降低；产蛋量减少。当气温降至 –9℃以下时，鸡只会发生冻伤，采食量升高，产蛋率下降。

3.冬季饲养管理

（1）做好保暖工作。加厚鸡舍墙壁可以用玉米秸秆等加厚鸡舍墙壁厚度；门口、窗口挂棉帘，或用其他遮挡物进行遮挡；非常寒冷的天气可以在鸡舍内生火炉、建火炕或火墙（图5-34和图5-35）。

（a）灶火门

（b）鸡舍内表面照片

（c）生火取暖

图5-34　鸡舍火炕

（a）灶火门

（b）鸡舍内结构

（c）鸡舍内部结构

（d）烟筒

图 5-35　鸡舍火墙

（2）给鸡只饮用温水、温水拌料或蒸煮青菜。不但可以减少冷水和饲料对肠道的刺激，还能提高鸡抗寒能力，也能节约部分饲料，有利于营养物质的消化吸收。禁止鸡饮用冰碴水，采食冰冻的饲料（图 5-36 和图 5-37）。

图 5-36　加热饲料

图 5-37　忌用冰碴水喂鸡

（3）调节舍温。鸡舍和外界环境温差大，早晨放鸡前，逐渐打开窗户，待鸡舍和外界环境温差较小的时候再放鸡。

（4）做好防风工作。俗话说"针鼻大的窟窿斗大的风"，冬季保暖防风是关键，务必使鸡舍没有贼风。对门窗要用塑料、玻璃或纸板等封严，门口还可以建一小间缓冲区域，防止贼风。

（5）做好通风换气工作。鸡舍的通风和保温是矛盾的，通风使鸡舍内空气质量提高的同时降低了鸡舍的温度。鸡舍冬季要求密闭，如果有害的气体没有超过允许的范围，尽量减少通风换气量。为使鸡舍能够通风换气可以在窗户上安装风斗，鸡舍顶部开天窗。

（6）增加鸡舍内鸡只的饲养密度。鸡舍随着鸡只数量的增加温度也会升高，要注意增加密度要考虑鸡舍内空气的质量，尤其是氧气是否能满足鸡只的需要，有害气体的含量是否超过了极限值。对于高大宽敞的鸡舍，冬季要吊顶棚，并且将鸡不能利用的空间隔开封严。可以用纸板或其他更厚的材料进行封闭。实验证明仅用一层塑料封闭隔离，有鸡部分和无鸡部分鸡舍的温度相差5℃以上。

（7）清理粪便。每天放鸡以后要及时清理粪便，运送到堆肥发酵场地进行堆肥。这样会降低鸡舍内有害气体的含量，为鸡只提供一个舒适的环境。清扫粪便时要注意观察粪便的形状和颜色有无异常现象，以便及时发现疫病，粪便的异常变化为诊断疾病提供了参考依据。

（8）清扫粉尘。冬季鸡舍粉尘较多，因为空气不流通，会在天花板、墙壁上部等部位聚集很多灰尘。在寒冷大风的天气里，鸡只在舍内休息，如门窗关闭不严会将灰尘吹落，被鸡只吸入容易导致异物性肺炎的发生，另外灰尘中容易聚集病原微生物，容易使鸡只发生疫病。清理灰尘可以在温度较高的天气进行，将鸡只全部赶出鸡舍，用消毒药水喷雾消毒，增加湿度后用长柄扫帚清扫，每周至少清扫两次，视灰尘清洁程度而定。

（9）冬季散养蛋鸡饲喂青绿饲料时，要切碎后让鸡只采食冰冻的青菜要解冻后才可以饲喂。注意对青绿饲料如白菜、瓜类、胡萝卜的存储，冰冻后融化很容易腐烂，禁止饲喂变质的青绿饲料。可以将青菜悬挂的位置升高，使鸡跳跃才能采食到，以促进鸡只的运动（图5-38）。

图5-38　悬挂饲用青菜让鸡跳跃采食

第四节　散养蛋鸡区域化管理

一、"鸡多不下蛋"的主要原因

俗话说"鸡多不下蛋，人多瞎捣乱"。对于规模化的散养蛋鸡普遍存在"鸡多不下蛋"的问题。为什么会出现这种现象，究其原因有以下三方面。

第一，饲喂饲料总量不足。每天供给饲料要根据鸡群的数量和采食量供给。

第二，饲喂器具如料槽或料筒等不足，不能保证80%以上的鸡只能同时不受影响地采食。

第三，饲料营养缺乏或营养不平衡，满足不了鸡只的需要。

如果雏鸡在地面平养，育成鸡和产蛋鸡在散养的状态下，鸡只能够自由地活动。因饲料给量、饲喂器具和营养不平衡的原因，就会发生整群鸡抢食饲料的现象。这种状况长时间持续，其结果会导致鸡群两极分化，体质强者越来越强，体质弱者越来越弱。这种不科学的管理发生的越早对鸡的危害越大，如在育雏期间发生，其危害程度会远高于育成期和产蛋期。另外，如果饲料的营养不全，会使体质强壮的鸡只发育为不正常的问题鸡如肥胖。体质肥胖和瘦弱的鸡都不产蛋，因此营养不良或过剩是造成散养蛋鸡生产性能低即"鸡多不下蛋"的主要原因之一。

二、区域化管理，规模集成

1.区域化管理要点

（1）不同饲养阶段的区域化管理饲养鸡只的数量。雏鸡阶段适合地面平养或网上育雏，分群适当大一些，一般2 000只隔离成一个区域，有条件的可以1 000只一个群体，如果有公鸡可以和母鸡分开饲养。育成阶段：800~1 000只一个群体隔离开。成年鸡阶段500只鸡一个群体隔离开。

（2）鸡舍和运动场的分配。可以用铁丝网或塑料网按饲养规模进行分配场地面积。围栏最好制作成可以移动的，这样通过收缩和放开来改变场地面积。每个区域放置和养殖规模相匹配的饮水设备和采食设备。要想获得较高的均匀度和较好的产蛋性能，必须提供充足的采食设备，让80%以上的鸡只同时采食饮水。

（3）根据群体的数量计算出全天饲料供给量，分两次或3次有计划供给注意要根据鸡只实际采食时是否有剩余，以及鸡只是否达到体重标准来调整饲料供给总量。

（4）经常整理鸡群。每天要认真观察鸡群，及时发现异常情况。随时或定期整理鸡群，挑选出病弱鸡进行单独的饲养管理。捕捉鸡可用鸡钩子或者用抄子，方法如图5-39所示。

（5）常见保定鸡的方法。鸡翅膀交叉固定法和包裹法。

方法一：将鸡翅膀左右交叉，使之不能够打开（图5-40）。

方法二：用布包裹，固定鸡的翅膀保定（图5-41）。

（6）养殖小区轮流。将养殖区域分隔成几个小区，空置和使用的区域交替，一般3个月后鸡只交流到新的区域。对使用过区域的运动场、鸡舍进行彻底清扫消毒，有利于控制传染性的疾病。

（7）禁止不同日龄的鸡只混养，禁止不同品种的禽类混养。很多养殖户为了节省养殖空间，减少饲养管理的劳动量，将不同批次的鸡放到一起混养，甚至在散养蛋鸡舍内饲养鹅、鸭子、珍珠鸡、山鸡等禽类。这样会增加疫病防控的难度。因为这样病原会交叉感染，老龄的抗病力强的品种不发病，日龄小的和对病毒敏感的就会

（a）鸡钩子　　　　　　　　　（b）鸡钩子抓鸡

（c）抄子　　　　　　　　　（d）抄子抓鸡

图5-39　整理鸡群、捕捉鸡的方法

（a）　　　　　　　　　　　（b）

图5-40　交叉固定鸡翅膀的方法

（a） （b）

图5-41 布包裹固定鸡翅膀方法

处在发病或者亚健康状态。很多带毒的鸡只会不断排毒，对环境造成持续性的污染，也因不同日龄的鸡只混养，使病原繁殖的代数增加，增加了病原的毒力。因此养殖户要禁止不同日龄的鸡只、不同品种的禽类混养。

2. 区域集成规模化

（1）对于养殖规模较大，饲养几千只鸡的养殖场（户），可以在一个区域内通过隔离区域的方法化整为零分群饲养。

每个区域可以被看做是一个养殖单元，如果养殖场（户）要增加养殖的数量，可通过增加养殖单元来扩大规模。这样做的优点是避免了鸡多不下蛋的现象，另外小规模饲养也可以总结经验，待养殖成功后可以逐渐扩大规模。

（2）如果在山坡饲养或者平原养殖场面积很大时，可在不同的区域建立多个鸡舍这样对于鸡的疫病防控会有好处，这时可以采纳全进全出的管理办法，一批鸡从进场到全部淘汰只在这一个鸡舍和运动场上生活。

散养鸡蛋营养鉴别与存储

第一节　鸡蛋的构成及其营养价值

一、鸡蛋的构成

鸡蛋从外到内分别是壳上膜、蛋壳、蛋壳膜、蛋清、系带和蛋黄。

1. 壳上膜

又称为胶护膜，是在蛋壳外表面的一层透明的保护膜，产蛋时起到润滑作用，还可以保持鸡蛋内的水分。

2. 蛋壳

是鸡蛋的矿物质部分，几乎全部为碳酸钙，仅有少量的镁。蛋壳上有很多小的气孔，用照蛋器可以清楚看到气孔的分布，是胚胎发育时与外界进行气体交换的通道。

根据蛋壳的颜色不同可以将鸡蛋分为褐壳蛋、粉壳蛋、白壳蛋和绿壳蛋。北京地区散养蛋鸡产蛋颜色以粉壳和绿壳比较受欢迎，褐壳蛋市场上认可度较差（图6-1）。

图6-1 鸡蛋品种

3.蛋壳膜

分为内外两层，紧贴蛋壳的是外壳膜，包裹蛋清等鸡蛋内容物的是内壳膜，内外壳膜在钝端分离而形成气室，气室大小是识别鸡蛋储存时间长短的一项指标。

4.蛋清

它分为3层分别为外稀蛋白、浓蛋白和内稀蛋白。另外，还有系带浓蛋白。外稀蛋白占23%、浓蛋白占57%、内稀蛋白占17%和系带浓蛋白占3%（图6-2）。

蛋清中蛋白所占比例

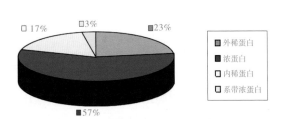

图6-2 蛋清中蛋白所占比例

5.系带

在蛋黄的纵向两侧有两条相互反向扭转的白带，用来固定蛋黄的位置。

6. 蛋黄

由外向内一次为：蛋黄膜、浅蛋黄、深蛋黄、蛋黄芯。胚珠或胚盘位于蛋黄的表层，胚珠是没有受精的卵子，眼观是小圆点不透明且无明暗之分。卵子受精后胚珠就变成胚盘，眼观蛋黄中央有一直径 3~4 毫米的里亮外暗的圆点。

二、鸡蛋的营养价值

鸡蛋是大众喜爱的食品，营养物质含量丰富而且全面，是人们"理想的营养库"。

1. 蛋白质

（1）蛋白质含量丰富。每 100 克鸡蛋中含有 11~13 克左右的优质蛋白质，两个鸡蛋所含有的蛋白质相当于 150 克的鱼肉或瘦肉所含的蛋白质。

（2）消化率高。鸡蛋中的蛋白分为卵蛋白和卵黄蛋白，鸡蛋中的蛋白质容易被消化，同牛奶、猪肉、牛肉等食品相比鸡蛋的消化率是最高的。

（3）氨基酸平衡。鸡蛋中的氨基酸含量丰富，其蛋白质组成与人体组织蛋白最为接近，吸收率可达到 99.7%，鸡蛋被营养学家誉为"完全蛋白质模式"。日常生活中人们吃的谷类和豆类食品都缺乏人体必需的氨基酸，将鸡蛋与这些谷类和豆类食品混合食用，会形成互补，提高食品的生物利用率。

2. 脂肪

鸡蛋中富含脂肪，100 克鸡蛋中含有 10 克左右脂肪，大多集中在蛋黄中，以不饱和脂肪酸为多，脂肪呈乳融状，容易被人体吸收，另外脂肪中短链芳香烃是形成鸡蛋香味的原因之一。

3. 微量元素

鸡蛋内含有钾、钠、镁、磷和铁等微量元素，尤其是铁和磷含量较多，可以作为人体铁的重要来源。微量元素中钙相对不足，将牛奶和鸡蛋共同食用，可以形成营养互补。

4.维生素

鸡蛋中除维生素 C 的含量较少外，含有丰富的维生素 D、维生素 A 和维生素 B 族。

三、鸡蛋营养与其他因素的关系

1.蛋壳颜色与营养的关系

蛋壳颜色与鸡蛋的营养成分没有关系，因为蛋壳颜色是在包裹蛋清等内容物的外壳膜形成以后，在子宫内通过沉积形成的，蛋壳颜色和品种有关，与营养无关。

2.蛋黄颜色与鸡蛋营养的关系

蛋黄的颜色受叶黄素、胡萝卜素、核黄素以及玉米黄脂含量的影响，呈现出从浅黄色到颜色很重的橙黄色。很多人认为蛋黄的颜色越深，鸡蛋的营养价值越高，这个观点要视情况而论。通常地方品种、散养蛋鸡或放养鸡蛋黄的颜色比较深，营养和蛋黄的颜色有关。如果人们通过饲喂倭瓜、红辣椒粉、增加胡萝卜素或饲喂虾皮等方法，使蛋黄的颜色变深时和营养无关（图6-3）。如果添加了违禁添加剂如苏丹红时，不但不会增加营养，还会对人体产生危害，所以消费者不应盲目追求蛋黄颜色，应该走出蛋黄颜色越深营养价值越高的认识误区。

图6-3 补饲倭瓜

3.胆固醇与心血管病的关系

胆固醇的摄入量与人类的健康有关系，但关于鸡蛋中的胆固醇含量是否会引起心血管疾病，则一直有争论，从目前绝大多数的国内外研究结果看，鸡蛋的胆固醇含量与心血管疾病的发生率没有关系。

四、影响蛋壳质量的因素与降低破损率的措施

1.遗传因素

蛋壳的颜色、厚度和蛋比重等性状都受到遗传因素的影响。目前市场上的散养鸡蛋主要有绿壳、粉壳、白壳和褐壳蛋四种。

措施：选择蛋壳质量好的鸡品种饲养，根据消费者的需求选择蛋壳的颜色。

2.年龄因素

随着年龄的增长和产蛋时间的延长蛋壳的厚度和强度会逐渐降低，因此开产的早期破损的鸡蛋少，产蛋高峰过后破损率会逐渐增加。但是经过换羽的母鸡和老龄母鸡产蛋的蛋壳的厚度会增加，但强度小没有韧性容易破碎。

措施：最好每年都有新开产的母鸡，产蛋率高蛋壳的质量也好，老龄母鸡应及时淘汰。

3.营养因素

影响蛋壳质量的主要营养素是钙、磷、锰和维生素 D。

（1）钙。日粮中钙的含量低于 2% 时，蛋壳质量降低；高于3% 时蛋壳厚度和强度增加；高于 4% 时日粮的适口性差，使鸡只采食量降低。

（2）磷。鸡的日粮钙：磷比以 2：1 为宜，产蛋初期适当的提高一点磷的含量，在产蛋 360 日龄后降低一点磷的给量可以改善蛋壳的品质。过高和过低的磷都会对蛋壳产生不利的影响。

（3）锰。日粮中每千克要含有 25 毫克的锰（25×10^{-6}），当日粮中锰的含量低于每千克 20 毫克（20×10^{-6}）时，蛋壳的品质下降。

（4）维生素 D。散养蛋鸡对维生素 D 的需要应不少于 500 国际单位，维生素 D 缺乏会影响钙磷的吸收利用，降低蛋壳的品质。

措施：按照鸡的营养需要提供散养蛋鸡的营养，设计科学合理的散养蛋鸡饲料配方。

4. 环境因素

（1）温度。高温和低温对蛋壳的质量也有影响，炎热的夏季当温度超过 31℃时，蛋壳的质量会下降；寒冷的冬天也会降低蛋壳的质量，其主要原因是鸡只采食量下降和消化吸收率降低引起的。

（2）湿度。鸡蛋保存在湿度低比较干燥的环境，蛋壳强度高，但是失重会加快。

根据气候变化在高温和低温采食量降低的情况下，提高日粮的营养浓度，同时采取相应的管理措施，如夏季防暑降温，冬季保温等，促进鸡只采食总量的增加，满足鸡只生产的需要，会缓解蛋壳的质量下降。

5. 管理因素

（1）强制换羽。经过强制换羽的鸡所产蛋的蛋壳质量好，且经过两次换羽比一次换羽的蛋壳质量好。

（2）疫苗接种。产蛋期间接种疫苗时，由于疫苗产生的反应，使产蛋量减少，蛋壳质量下降，破损率增加。

措施：对于饲养时间长的母鸡，进行强制换羽，要注意换羽会造成较高的淘汰率，另外换羽后鸡蛋变大重量增加，市场上并不太认可重量大的鸡蛋。产蛋高峰期间减少免疫的次数，在计划免疫程序时，要将免疫安排在高峰期之前或者高峰期之后，减少免疫的应激反应。管理过程中要防止鸡只炸群，为鸡只提供安静、舒适、熟悉的环境。管理要有规律性，形成固定的条件反射，如固定饲喂、收集鸡蛋、清粪等工作时间。

6. 疾病因素

散养蛋鸡发生禽流感、新城疫、减蛋综合征等疫病时，都会影响鸡只的生殖系统，导致产蛋率下降，蛋壳质量下降破损率增加。

措施：做好疫病的预防工作，进行科学的免疫。另外，在极端的气候条件下，在加强管理的同时，要有针对性的预防给药，提高机体抗病能力。

7. 设施和设备因素

产蛋设备如产蛋箱等，集蛋设备如收集鸡蛋的容器、运输和保存的鸡蛋箱等，都会影响到鸡蛋的破损率。

产蛋箱内铺设柔软的垫草，用蛋托收集和运输鸡蛋。增加收集鸡蛋的次数，不但能降低破损率，也能降低鸡蛋受破损的污染，减少脏蛋的数量。

第二节　鸡蛋的鉴别

一、新鲜鸡蛋和陈鸡蛋的区别方法

1.眼观

新鲜鸡蛋蛋壳表面附着一层白霜，蛋壳颜色鲜明，气孔明显，反之则为陈蛋。

2.摇动

用手摇晃鸡蛋，手感觉鸡蛋内一点不动的为新鲜蛋；手感觉到蛋内有轻微晃动的为鲜蛋；感觉到明显晃动，并伴有水声的为陈鸡蛋。

3.漂浮试验

将鸡蛋放置到冷水中，鸡蛋下沉的为鲜鸡蛋，鸡蛋上浮的为陈鸡蛋。

4.照蛋检查

照蛋器照鸡蛋的钝端，观察气室的大小。鸡蛋煮熟后，查看气室。鲜鸡蛋气室小，陈鸡蛋气室大。

5.观察鸡蛋内部

打开鸡蛋放置到盘子上，新鲜鸡蛋蛋黄、浓蛋白以及卵黄系带清晰可见，浓蛋白边界明显；鲜蛋外稀蛋白水样，蛋浓蛋白轮廓明显，蛋黄和系带可见；陈鸡蛋打开后蛋清水样，蛋黄发暗，经手摇晃后打开鸡蛋蛋黄和蛋清混浊。

二、散养鸡蛋的鉴别

1. 与笼养鸡蛋区别

笼养鸡鸡蛋表面有鸡蛋产出时滚落到蛋网底部的痕迹。图6-4显示笼养蛋鸡用产蛋箱（底部末端带铁丝网）产蛋，鸡蛋滚落时在蛋壳上的痕迹比较短而且是平行线。

（a）　　　　　　　　　　　　（b）

图6-4　笼养蛋鸡鸡蛋上的蛋网滚落痕迹

2. 绿壳鸡蛋和绿壳鸭蛋的区别

散养蛋鸡生产的绿壳鸡蛋表面比较粗糙，气孔明显，重量轻。绿壳鸭蛋表面比较光滑、细腻、颜色均匀（图6-5）。

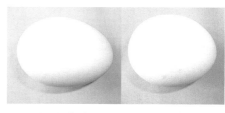

（a）左侧为鸡蛋，右侧为鸭蛋　　　（b）鸡蛋　　　　　（c）鸭蛋

图6-5　绿壳鸡蛋和绿壳鸭蛋的区别

3. 与添加加丽素红鸡蛋的区别

添加加丽素红的新鲜鸡蛋打开后，蛋黄颜色呈现红黄色，如果

加的量大是血红色。如果摊开鸡蛋蛋黄颜色红黄很鲜亮，经过煮熟或煎炒后蛋黄恢复原来浅黄的颜色，就是添加了加丽素红。而正常的散养蛋鸡的鸡蛋，蛋黄颜色一直保持橙红色，其制成的蛋饼如图6-6，黄色较浓。

 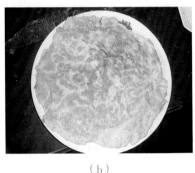

（a）　　　　　　　　　（b）

图6-6　散养鸡蛋制成蛋饼

4.鸡蛋大小区别

小鸡蛋就是"散养鸡蛋"。蛋鸡开产初期所产的鸡蛋都很小，随着日龄的延长，鸡群达到产蛋高峰期，高产母鸡还会生产双黄蛋，产蛋一年以后的鸡产的鸡蛋会变大，而且蛋壳变厚。散养蛋鸡鸡蛋的变化遵循这一规律。"小鸡蛋"就是"散养鸡蛋"，这是人们的一种错误认识。不要依赖鸡蛋的大小来作为区别散养鸡蛋的依据，因为笼养鸡产蛋初期产的蛋也很小。

5.口感和味道

对于区别散养鸡蛋和笼养鸡蛋而言，鸡蛋的口感和味道是不变的（在饲养条件和饲料比较稳定的情况下），这些指标仅是一种体验，没有具体的衡量标准。养殖户要争取回头客户，通过口口相传来形成自己固定的客户群体。另外，鸡蛋的味道和饲料的种类、品质直接相关。即使在相同的散养环境下，如果饲料发生了改变，鸡蛋的味道也随之改变而不会相同。

另外，农村宣传散养鸡蛋时，能用筷子把蛋黄夹起来；在蛋黄中扎牙签不倒；磕开鸡蛋会见到鸡蛋蛋黄饱满、蛋清浓蛋白和稀蛋白层次分明；蛋黄颜色较深等方式帮助客户识别散养鸡蛋。但是，这些因素会因产蛋鸡的日龄、产蛋时间、饲料中的营养物质含量的变化以及气候条件的变化，表现出不稳定的状态。虽然有的农户是散养鸡但是生产的鸡蛋蛋黄颜色很浅、也会出现蛋清稀薄的现象，所以在目前市场比较混乱的情况下，养殖者应该诚实守信以培养信誉作为自己生存的根本。

三、特殊的鸡蛋

1．"黑心蛋"

产生"黑心蛋"的原因：由于饲料中棉籽粕内的棉籽壳含有大量的黑色素，这种黑色素可以被母鸡的卵巢直接吸收，影响蛋黄的颜色，使蛋黄发黑变暗，饲料内的棉籽壳含量越多，蛋黄就越黑，停喂含棉籽壳的棉籽粕 15 天以后，鸡蛋会逐渐恢复正常。

2．"橡皮蛋"

产生"橡皮蛋"的原因：因未经过二次脱毒处理的棉籽粕内含有大量游离的棉酚，长时间饲喂这种棉籽粕，游离的棉酚会在鸡体内大量蓄积，部分会被运输送到卵巢，影响蛋黄的形成过程，造成卵黄中毒，待鸡蛋产出后，即会发生蛋黄橡皮状。

3．"红心蛋"

产生的原因：生产者为了满足消费者对蛋黄颜色的需求，在饲料中添加了一些食品色素如加丽素红、加里素黄，或者添加其他一些物质如红辣椒、红胡萝卜、虾皮、黄倭瓜等，这样生产的鸡蛋蛋黄颜色会很深。但是极少数的不法分子在饲料中添加一些非食品的色素如苏丹红等，就形成了"红心蛋"，影响到食品的安全。

4."脆鸡蛋"

产生的原因：没有受精的鸡蛋在孵化器内孵化，因鸡蛋内蛋白质受长时间持续高温的作用而形成的。这种鸡蛋又称为白蛋，白蛋表面光亮，壳外膜已经被破坏。这些经过孵化的鸡蛋，在照蛋的时候被筛选出来，煮熟后的口感很脆。

5."臭蛋"

产生的原因：当微生物侵入鸡蛋以后，在适宜的温度下，就会生长繁殖并释放水解酶，首先蛋白质被水解，然后蛋黄膜破裂形成散黄蛋，蛋白质被分解成氨基酸，而后形成酰胺、氨和硫化氢等，会散发强烈的臭气，由于氨和二氧化碳不断积聚，最终引起蛋壳的爆裂。鸡蛋被粪便污染后容易发生细菌对鸡蛋的感染，处理脏蛋时用水洗鸡蛋均容易产生"臭蛋"。

脏蛋的处理方法：用砂纸打磨；用刀片刮；用消毒药水浸泡后立即使之干燥。

6."血蛋"

产生原因：受精蛋在25℃以上时开始发育，早期在胚盘周围出现血点，继而胚盘形成血管。另一个原因：输卵管蛋白分泌部有外伤时，蛋清中有血；输卵管峡部以后有外伤出血时，蛋壳表面有血迹。

第三节　鸡蛋的存储

一、鸡蛋存储原则

第一，防止污染，尤其是防止微生物侵入蛋的内部。

第二，制止蛋壳上和侵入蛋内的微生物生长繁殖。

第三，维持蛋白、蛋黄的正常理化特性，保持其原有的新鲜度。

二、影响鸡蛋存储时间长短的因素

1. 温度

外界温度达到25~28℃时，常引起胚胎发育，蛋白变稀。当外界温度在 −6~−4℃时，会引起冻结而使蛋壳破裂。存储时堆垛的不要太大，应小堆存放并要保证空气流通。

2. 湿度

存储鸡蛋环境的相对湿度在80%~85%为宜。相对湿度太大会使蛋壳表面潮湿，壳外膜潮解，降低蛋的耐储性，而且为霉菌生长提供了条件。相对湿度太小，蛋中水分会过多蒸发，气室扩大，蛋重减轻。

3. 包装

用于存储使用的包装，应该清洁、干燥、不吸湿、无异味。包装不宜太紧，箱内空气应能流通。

4. 鸡蛋放置的方向

鸡蛋应该竖放并且大头向上。如果横放时，一个月要翻动一次，防止蛋黄贴壳。引发蛋黄贴壳的原因是，蛋清变稀后，卵黄系带松弛，蛋黄上浮造成的。

5. 鸡蛋容易吸附异味

鸡蛋容易吸附异味，储存时不要和异味浓的物品如鱼、虾等同时存放在一起。

三、鸡蛋储存方法的基本要求和方法

第一，简便易行；

第二，效果良好；

第三，费用低廉；

第四，适宜大批量储存。

农村常用的存储鸡蛋的方法有谷物内储存（图6-7）、锯末内储存、空调房间储存（图6-8）和地窖储存。

图6-7　储存在谷子中

图6-8　塑料蛋箱内保存

1. 冷藏法保存鸡蛋

冷库温度保持在2~8℃，昼夜温差不超过 ±1℃，相对湿度应在80%~85%。

采用冷藏法保存的鸡蛋，库存期间每周检查一次，每批抽检3%左右（图6-9和图6-10）。

（a）塑料包装　　　　　　　（b）鸡蛋大头向上

图6-9　采用塑料材料包装保存

图6-10　采用纸介材料包装保存

2. 报纸包裹鸡蛋储运

存储或运输时可以用报纸包裹来降低运输破损，延长保存时间（图4-11）。

图4-11　采用报纸简易保存

第七章

散养蛋鸡常见的疫病防控

第一节　散养蛋鸡临床用药

一、家禽生理特点与临床用药

1. 没有牙齿、味觉不发达

鸡味觉不发达，所以对于有异味的药物均可服用。也由于这个原因对于咸味没有鉴别能力，容易造成食盐中毒。尤其是雏鸡 4 周龄以后才形成血脑屏障，食盐很容易进入脑组织引起中毒，这一点水禽有排盐的鼻腺而鸡只没有，这是鸡只对食盐敏感的主要原因。

2. 肠道短

鸡肠道与体长的比率小，肠道蠕动快，物质通过的时间为 2~4 小时，内服给药大多吸收不完全。

3. 鸡肝脏与鸡体重的比和肾脏与鸡体重的比

由于鸡肝脏与鸡体重的比率大，肾脏与鸡体重的比率也大，所以药物在肝脏和肾脏的代谢转化快，鸡不容易造成蓄积中毒。但是肾小球结构简单，所以对很多以原型排出的药物比较敏感如链霉素和新霉素等，长时间大剂量应用会造成肾脏损害，故称这类药物为肾毒。

4.鸡体内缺乏形成尿素的酶

鸡体内缺乏形成尿素的酶，因此以尿酸盐的形式排泄氨，尿酸盐不易溶解，容易积聚在肾脏、输尿管以及内脏和关节的表面形成肾炎、结石或痛风。尤其是在钙磷比例不当、蛋白质过高或维生素A缺乏时，这类现象更严重。

5.家禽血液中胆碱酯酶储存量很少

家禽血液中胆碱酯酶储存量很少，对有机磷类的药物非常敏感，容易造成中毒。在用有机磷类驱虫药物的时候要注意用法和用量。

6.家禽无汗腺又有丰厚的羽毛，所以鸡对高热敏感

夏季要增加碳酸氢钠和维生素C的给量，来减少应激反应。另外增加碳酸氢钠还可以中和酸性的尿液，减少对于肾脏的损害。

7.家禽没有呕吐的功能

药物中毒时，鸡不能呕吐所以催吐的药物不起作用，可以切开嗉囊或用泻下的药物治疗。

二、抗生素使用的原则

1.正确诊断，选择针对性强的药物

在正确诊断的基础上，通过临床经验来选择药物，也可以通过实验室近期药敏试验的结果选择敏感药物（图7-1）。

（a）病菌试验　　　　　（b）正确选择抗生素药品

图7-1　抗生素使用

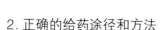

2.正确的给药途径和方法

病急对症治疗，病缓对因治疗。病急通过肌内注射或腹腔注射等吸收快的方法加大剂量给药。病程较长可采用口服的方式给药。老龄和年幼的降低给药剂量。

3.不滥用抗生素，注意药物配伍

部分养殖者存在错误的观念，在疾病发生时选择抗细菌的一种药物，再选择抗病毒的一种药物。诊断准确了最好就用一种药物，既经济又可避免耐药菌株的产生，尤其要注意很多的配伍禁忌。如青霉素对处于静止状态的菌群没有作用，磺胺类药物不能杀死细菌，但是能使细菌处于静止不繁殖状态，两种药物不能联合应用。有些配伍是必须的，如应用磺胺类药物的时候，为了降低磺胺类药物对肾脏的刺激甚至造成蓄积中毒，可以同时饲喂碳酸氢钠（小苏打）。注意散养蛋鸡对磺胺类药物敏感，容易造成中毒，尤其是产蛋期间使用磺胺类药物容易造成产蛋率下降，禁止产蛋期使用。

4.按照疗程，每次用药要达到治疗剂量

用药要够疗程，至少4天连续用药，不能有效果了见好就收，使病情反复；另外注意给药的剂量，要达到治疗所需要的剂量，药量小但用药时间长容易产生耐药性或产生耐药菌株。临床用药另一个极端就是大剂量用药，用药是治疗量的几倍，这样容易造成蓄积中毒。任何药物在起治疗作用的同时，同时有毒害或副作用，会对组织器官造成不同程度的伤害。

5.注意药物的休药期

散养蛋鸡用药时要注意休药期，或者选择没有休药期的药物进行疾病的治疗，确保生产的散养鸡蛋和鸡肉无药物残留，从食品安全的角度向客户进行宣传，逐渐培养散养蛋鸡产品的信誉，提高产品质量。

三、抗寄生虫药物使用的注意事项

1. 按说明书的药量用，禁忌加量使用

用药前要认真阅读使用说明书，准确计算出鸡群的用量和用药时间，忌加大药量以免造成药物中毒。

2. 药物要经常更换，防止产生抗药性

治疗寄生虫病时所选的药物要经常更换，或者几种药物交替使用，防止寄生虫产生抗药性，影响治疗效果。例如，球虫病卵囊发育的不同阶段敏感的药物不同，所以要选择交替应用。

3. 大群给药的时候先进行小群试验，确定安全后再大群给药

大群用药前要根据计算的剂量，进行小群试验，确定使用的剂量和给药方法安全以后才能全群给药。

四、疫苗使用注意事项

1. 要按照说明书的要求储藏

疫苗保存方法分冷冻保存和冷藏保存，没有正确保存和反复冻融的疫苗禁止使用。

2. 正确处理疫苗瓶防止散毒

疫苗瓶和剩余疫苗要用消毒液浸泡后深埋，禁止随意地丢弃，防止因疫苗散毒而污染养殖环境，有时会造成疫病的传播。

3. 用深井水稀释疫苗

自来水中含有次氯酸钠，会对疫苗产生一定的影响，最好使用深井水来稀释疫苗。使用自来水也可以在太阳下晒2小时，然后使用。

4. 免疫前后一周原则上不使用抗生素

免疫期间使用抗生素会干扰鸡的免疫系统，对鸡体的抗体产生有一定的影响，从而降低免疫的效果。

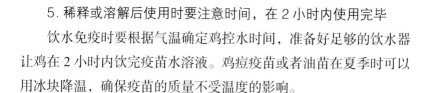

5.稀释或溶解后使用时要注意时间，在 2 小时内使用完毕

饮水免疫时要根据气温确定鸡控水时间，准备好足够的饮水器让鸡在 2 小时内饮完疫苗水溶液。鸡痘疫苗或者油苗在夏季时可以用冰块降温，确保疫苗的质量不受温度的影响。

第二节 消 毒

一、消毒的种类

消毒分疫源地消毒和预防性消毒两种。疫源地消毒是指有传染源（病者或病原携带者）存在的地区，进行消毒，以免病原体外传。预防性消毒是指未发现传染源情况下，对可能被病原体污染的物品、场所和人体进行消毒。

二、影响消毒效果的因素

一般应考虑以下 5 个问题。

1. 病原体的种类

不同传染病病原体各有特点，对不同消毒方法的耐受性不同。如细菌芽孢对各种消毒措施的耐受力最强，必须用杀菌力强的灭菌剂、热力或辐射处理，才能取得较好效果。在发生疾病时要根据病原的特性，选择敏感的消毒药物进行消毒。通常病毒对火碱水敏感，可以用 2%~5% 的火碱水对地面进行消毒。

2. 消毒对象的性质

同样的消毒方法对不同性质的物品、消毒效果往往不同。对油漆光滑的墙面，喷洒药液不易停留，应以冲洗、擦拭为宜。对较粗糙墙面，易使药液停留，可用喷洒消毒。金属育雏笼的消毒可以用火焰喷射器，灼烧消毒。

3. 根据消毒场所的特点考虑消毒的方法

在室内消毒时，密闭性好的房屋，可用熏蒸消毒；密闭性差者应用消毒液擦拭或喷洒。通风良好的房屋，可用通风换气法消毒；通风换气不良的空间，污染空气长期贮留处应当用药物熏蒸和喷洒。熏蒸消毒是鸡舍使用前和鸡转出后消毒最为彻底的一种消毒方法，消毒效果明显。

4. 卫生防疫方面的要求

消毒前要对鸡舍进行彻底的清扫，收集鸡粪便、垃圾等对其进行堆肥发酵。鸡舍消毒前最好进行冲刷，能提高消毒效果。

5. 消毒时还须注意影响消毒的因素

如消毒剂量（包括消毒的强度及作用时间），消毒物品污染的程度，消毒的温度，湿度及酸碱度，有关化学物品、消毒剂的穿透力及表面张力等，都影响消毒的效果。

三、消毒方法和注意事项

消毒方法可分为物理方法、化学方法及生物方法三种方法，养殖场（户）环境的消毒以化学方法为主，粪便的消毒多采用生物方法处理。

1. 物理方法

可分为机械清理、热力消毒和辐射消毒。

2. 化学方法

根据对病原体蛋白质作用的机理，分为以下 4 类。

（1）凝固蛋白消毒剂。包括酚类、酸类和醇类。

（2）溶解蛋白消毒剂。主要为碱性药物，常用有氢氧化钠、石灰等。

（3）氧化蛋白类消毒剂。包括含氯消毒剂和过氧化物类消毒剂。因消毒力强，故目前在防疫工作中应用最广。

（4）其他消毒剂。碘通过卤化作用，干扰蛋白质代谢如洗必泰为双胍类化合物，对细菌有较强的消毒作用。

3.生物方法

利用生物因子去除病原体，作用缓慢，而且灭菌不彻底，在鸡群发生传染病时要先用化学消毒剂进行喷雾消毒，然后将鸡的排泄物堆积发酵进行生物热消毒。

注意事项：

制订科学的消毒计划，严格按照消毒药的说明书，定期轮换消毒药的种类。

第三节 常用的采血方法

1. 采血方式分类

根据采血的部位不同分为：翼翅静脉采血、侧面心脏穿刺采血、胸腔前口穿刺采血、胸骨和剑状软骨之间采血。

2. 翼翅静脉穿刺采血方法

把翅膀肱骨区的腹面羽毛拔去少许，暴露肱二头肌和肱三头肌间深窝内的臂静脉，也可用70%的酒精涂擦充分暴露臂静脉。先将两翅膀向背部提起，然后用左手握住翅羽片，并将两翅膀紧紧抓在一起，再用右手持注射器将针刺入右翼静脉，刺入的方向应是血流方向的反方向（图7-2）。

图7-2 翼翅采血

3. 心脏穿刺采血方法

心脏采血是常用的采血方式。可以从胸骨和剑状软骨的前方正中刺入心脏抽血，也可以从两侧经过肋间刺入采血。采血部位消毒后，缓慢进针并保持针管抽血的压力，如果进针很深仍没有血液流出，可以缓慢退针并保持针管抽血的压力（图7-3）。当一只鸡抽取一次后没有采出血液，就要更换另一只鸡采血，禁止反复采一只鸡。

（a）心脏穿刺采血　　　　　　　（b）胸腔前口心脏穿刺采血

图 7-3　心脏穿刺采血

第四节　鸡的解剖方法

对于病死鸡和有病宰杀的鸡可用以下方法剖检。通常分为以下10个步骤，解剖过程因为疾病部位不同剖检重点也不同，许多步骤可以省略。

第一步，将死鸡浸于消毒水中浸湿羽毛（图7-4）。

第二步，鸡呈仰卧姿势，将两侧大腿内侧皮肤剪开，然后两手分别握住鸡大腿根部，用力外翻掰开大腿，髋关节脱臼后，将两大腿向外展开，鸡被固定为仰卧姿势（图7-5）。

图7-4　浸湿鸡羽毛

（a）剪开大腿内侧皮肤

（b）外翻掰开大腿

（c）髋关节脱臼

（d）外翻掰开大腿

图7-5　仰卧姿势固定鸡

第三步，横向剪开胸骨末端皮肤，与两侧大腿的竖切口连接，然后自胸骨末端掀起皮肤，向头部撕开皮肤，充分暴露胸肌、嗉囊、胸腺、颈部皮下组织和肌肉（图7-6）。

（a）横向剪开胸骨末端皮肤

（b）切口与大腿切口连接

（c）撕开皮肤

（d）暴露皮下组织和肌肉

图7-6　剪开皮肤

第四步，在胸骨末端横向剪透腹壁，从腹壁两侧沿肋骨头关节处向前下方剪断肋骨和胸肌，然后一手拇指伸入胸腔，向上顶住胸骨末端，用力向上向前推，另一手摁住鸡的后腹及尾部，使脊柱折断，充分暴露胸腔和腹腔脏器（图7-7）。

（a）剪透腹壁

（b）剪断肋骨和胸肌

（c）掀开胸骨折断胸椎

（d）漏出胸腹脏器

图7-7 打开胸腔和腹腔

第五步，肝脏和心脏之间下剪刀，从腺胃前端将其剪断，捏住腺胃轻轻将肝脏和肠道等腹腔脏器拉出腹腔，暴露肾脏、母鸡卵巢和输卵管或公鸡睾丸和输精管、脾脏、胰腺、有的鸡还可见到法氏囊等器官（图7-8）。

（a）剪断腺胃前端

（b）捏住腺胃

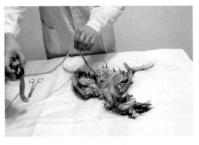
（c）移出肝脏和肠道

（d）漏出肾脏和肺脏

图7-8　移出腹腔的脏器

第六步，剥离嗉囊韧带，握住嗉囊自胸腔前口将嗉囊和食管末端拉出；从嘴角一侧剪开至食管和嗉囊；摘除嗉囊和食管（图7-9）。

（a）剥离嗉囊韧带

（b）剪开口腔

图7-9 摘除嗉囊和食管

第七步，剪掉胸骨，取出心脏；钝性剥离取出肺脏，沿口腔取下喉头、气管、支气管和肺脏（图7-10）。

（a）掀开胸骨

（b）摘除胸骨

（c）心肝脾肺气管喉头

（d）摘除胸腹腔脏器

图7-10 胸腹腔脏器摘除

第八步，从鼻孔上方切断鸡喙，露出鼻腔，用手挤压，检查分泌物的性状和鼻腔及眶下窦有无病变（图7-11）。

（a）从鼻孔上方切断鸡喙　　　　　　　（b）露出鼻腔

图7-11　检查鼻腔

第九步，剪开眶下窦，剥离头部皮肤，用弯尖剪剪开颅腔露出大脑、小脑。在大腿内侧剪去内收肌，暴露出坐骨神经（图7-12）。

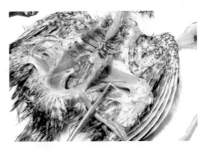

（a）坐骨神经　　　　　　　　　　　（b）坐骨神经

图7-12　检查坐骨神经

第十步，剪开腺胃、肌胃、肠道和泄殖腔（图 7-13）。

图 7-13 剪开腺胃和肌胃

第五节　常见寄生虫病

一、蛔虫病

是由蛔虫寄生在鸡的小肠内引起的寄生虫病，蛔虫在自然环境中分布广泛，蛔虫病是一种常见的寄生虫病。鸡大群散养时多发，常常影响到雏鸡的生长发育，甚至引起死亡，成年鸡多为带虫者，会引起产蛋率的下降。

（一）蛔虫的生活史

开始发育成感染性幼虫但仍在卵内。

1. 虫卵发育与温度的关系（表7-1）

表7-1　蛔虫卵发育

温度	天数
冻结	不发育
20℃	17~18 天
25℃	9 天
30℃	7 天
35~39℃	5 天
高于 39℃	几分钟内死亡

2.感染性虫卵持续时间（表 7-2）

表 7-2　感染性虫卵存在环境持续时间

存在环境	感染性虫卵感染性
自然环境中	3 个月有感染性
土壤中	6 个月有感染性

3.月龄与发病数量（表 7-3）

表 7-3　鸡月龄与发病

鸡月龄	发病条数
0~2 月	4~5 条
3~4 月	15~25 条
5~6 月以上	抵抗力增强

备注：鸡在 3~4 月龄感染蛔虫病发病最为严重。

4.虫卵发育成成虫

感染性虫卵发育成成虫需要 1~2 个月的时间。

5.虫卵的特点

虫卵对消毒液抵抗力强，而阳光直射、粪便堆肥、沸水可使之迅速死亡。

6.蛔虫病与饲料中营养物质等外在条件相关

通过试验证明蛔虫的发育和饲料中的维生素 A、维生素 B 以及饲料中动物性蛋白含量有关系。无论鸡在获得正常量维生素或维生素缺乏时，都与鸡肠道内的蛔虫数量以及发育的长度直接相关（表 7-4）。

表7-4　鸡患蛔虫病症特征

维生素	鸡获得量	蛔虫数量（条）	蛔虫长度（毫米）
维生素 A	获得正常量	11 条	6 毫米
	缺乏	50 条	49 毫米
维生素 B$_1$	获得正常量	4 条	
	缺乏	13 条	

蛔虫在鸡体内发育与动物性蛋白质含量有关，动物蛋白含量高，可增强鸡对蛔虫的抵抗力，限制蛔虫的发育。另外，饲料配方单一，散养蛋鸡的抵抗力弱，虫体增长快，尤其是麸皮含量高时，蛔虫病更为严重。

7. 发生蛔虫病的环境

运动场潮湿，被蛔虫卵污染，这样的环境容易诱发蛔虫病的发生（图7-14）。

（a）地面潮湿　　　　　　（b）被虫卵污染的土壤

图 7-14　鸡患蛔虫病症环境

（二）蛔虫病的诊断

诊断要点："尾部向上扬，肛门努责强，最后还一招，肠道来一刀。"散养蛋鸡肠道内有寄生虫或者采食大量的土壤后会不断的努责，使尾巴向头部高高扬起，犹如"孔雀开屏"（图7-15）。但是，并不是所有的"孔雀开屏"的鸡都患有蛔虫病。要准确判定还要将鸡两腿

图7-15　尾巴向上扬

捉住，待鸡安静时观察鸡的肛门，患有严重蛔虫病的鸡会间歇性的努责。另外，最为准确的方法是选择几只症状明显的鸡，在肠道中发现蛔虫，就能够确诊（图7-16）。

（a）小肠内蛔虫

（b）小肠内蛔虫

（c）蛔虫

（d）蛔虫

图7-16　鸡肠道蛔虫

（三）蛔虫病的预防和治疗

1. 蛔虫病污染的散养鸡场要每年驱虫 2~3 次

驱虫要在雏鸡 60 日龄左右时，并在冬季进行。成年鸡在 10—11 月份和春季产蛋前进行。药物：噻咪唑，每千克饲料加 25 克，一周一次连用两次预防效果较好。驱虫药物还可以用哌嗪，饲料中的剂量为 0.2%~0.4%，水中的剂量为 0.1%~0.2%。

2. 成年鸡和幼年鸡要分群饲养，不共用牧场和运动场；禁止鸡、鸭和鹅混养

图 7-17 鸡鸭鹅混养易患蛔虫病

因为鸭和鹅饲养的时间长，有的鹅饲养 4~5 年期间可同时饲养 3~4 批次的蛋鸡。成年鸭和鹅对蛔虫抵抗力强，但是常常带虫，不断向环境排出寄生虫卵，混养后容易使育成鸡和成年鸡感染而患病（图 7-17）。

3. 粪便要每天清理堆肥发酵

蛔虫的卵囊经过粪便排出到外界环境中，污染饲料、饮水或器具，被其他的鸡采食而感染，因此控制好粪便是预防蛔虫病的关键。

4. 运动场间隔一定时间铲土，换新土

散养蛋鸡的运动场要进行清扫，对于潮湿的地面或水坑可以垫新鲜的沙土或黄土。

5. 饲槽和饮水器每隔 1~2 周沸水消毒 1 次。

沸水能够杀灭蛔虫卵囊，用沸水消毒是经济适用的方法，在温暖潮湿的季节增加消毒的次数，配合药物预防效果更为明显。

6. 饲料中添加维生素，尤其是维生素 A 和维生素 B_1。

饲料中要增加动物性蛋白质的含量，力求多种原粮混合。在饲料中可以添加 2% 的鱼粉，饲料中还要降低麸皮的比例，维生素 A 和维生素 B_1 的含量要满足鸡的需要。

二、组织滴虫病

组织滴虫病又称为盲肠肝炎或黑头病，是由组织滴虫属的火鸡组织滴虫寄生于禽的盲肠和肝脏引起的。多发于雏鸡和雏火鸡，成年鸡也感染但病情轻微，有时不表现症状。

（一）生活史和流行病学

1. 生活史

寄生在盲肠的组织滴虫可以进入异刺线虫体内，在卵巢繁殖并进入异刺线虫卵内。异刺线虫卵随粪便被排出体外，因为有卵壳的保护，能生存很长时间，成为重要的传染源。虫卵污染饲料和饮水，鸡采食到虫卵经过消化道感染。另外一条感染途径：蚯蚓吞食了土壤中异刺线虫的虫卵或幼虫后，组织滴虫随同虫卵或幼虫进入蚯蚓体内，蚯蚓被鸡采食也能感染该病。

2. 流行病学

该病主要在温暖潮湿的夏季流行。雏鸡的感染性最强。易通过消化道感染。

（二）组织滴虫病临床症状和病理变化

1. 临床症状

雏鸡或青年鸡表现精神不振，食欲减少或停止，羽毛粗乱，翅膀下垂，身体蜷缩，怕冷，下痢粪便呈淡黄色或淡绿色，严重病例粪便带血，甚至排出大量血液。成年鸡很少出现症状。

2.病理变化

组织滴虫寄生于盲肠和肝脏，引起盲肠炎和肝炎。一般仅一侧的盲肠发生病变，也有两侧盲肠都发生病变的（图7-18）。盲肠壁肥厚，内腔充满不洁的干酪样渗出物或坏疽块堵塞肠腔，肠管异常膨大，有时盲肠穿孔，引起腹膜炎而与邻近器官黏着。肝脏多发生黄色或黄绿色的局限性圆形病变灶，黄豆至蚕豆大小，有时散发在肝脏，也有时密布整个肝脏表面，病灶不形成包膜，容易形成坏疽。

图7-18　肝脏和盲肠病变

（三）诊断治疗

1.诊断

根据流行病学特点、症状和剖检的病理变化进行综合判断外，还要对盲肠内容物进行镜检，内容物用加温到40℃的生理盐水稀释后，做悬滴标本镜检，发现组织滴虫即可确诊。

2.预防和治疗

① 鸡舍运动场要保持干燥，能够致使虫卵死亡，对预防组织滴虫病有一定效果。

② 阳光直射也具备杀灭虫卵的作用。

③ 控制运动场的蚯蚓也是预防该病的措施之一。

④ 育雏舍要彻底消毒，最好在新鸡舍饲养雏鸡。

⑤ 雏鸡和成年鸡分开饲养。

⑥ 对成年鸡进行异刺线虫的定期驱虫，是控制组织滴虫病感染的重要措施。

⑦ 饲料中添加驱虫药进行治疗。常用治疗的药物有二甲硝咪唑、洛硝哒唑等。应用卡巴肿进行预防性给药。

三、异刺线虫病

异刺线虫病是由异刺科异刺属的线虫引起的，在鸡群中较为普遍。因异刺线虫寄生在盲肠中，又称为盲肠虫。

（一）生活史和流行特点

虫卵随粪便排出，在适宜的温度和湿度下，经过2周左右发育成含有幼虫的感染性虫卵。虫卵污染饲料饮水被鸡采食，在小肠内孵化出幼虫，幼虫然后移行到盲肠。钻入黏膜内，经过一段时间的发育后，重返肠腔，发育为成虫。另外一条途径是蚯蚓吞食土壤中的虫卵或幼虫，蚯蚓是异刺线虫的贮存宿主，蚯蚓被鸡采食后鸡也能感染异刺线虫病。

（二）异刺线虫临床症状和病理变化

1.临床症状

食欲不振、消化机能障碍，下痢。雏鸡消瘦、生长发育停滞，严重时造成雏鸡死亡。成年鸡产蛋率下降。

2.剖检变化

盲肠肿大，肠壁发炎增厚，间或有溃疡。

（三）诊断和治疗

1.诊断

通过流行病学、临床症状以及剖检的病理变化进行综合判断，重点是要在盲肠的尖部发现大量的细小的线状虫体即可确诊（图7-19）。

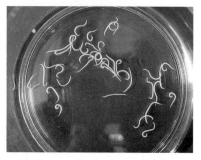 

（a）异刺线虫　　　　　　　　（b）显微镜下异刺线虫

图7-19　异刺线虫的特征

2.预防和治疗

预防和控制异刺线虫病采取的措施同蛔虫病。另外，蚯蚓在该病的感染中，起到了贮存宿主的作用，所以控制鸡舍运动场的蚯蚓，也是预防该病的主要措施之一。

第六节　常见多发疾病

一、新城疫

新城疫是由新城疫病毒引起的一种急性、热性和接触性传染病。临诊上以呼吸困难、严重下痢和广泛的黏膜出血为特征。

（一）病原

新城疫病毒存在于病鸡的所有组织器官、体液、分泌物和排泄物中，但以脑、脾、肺含病毒量最高。病毒对外界因素的抵抗力不强，容易被干燥、日光和腐败菌杀死。在60℃情况下30分钟灭活，在55℃情况下45分钟灭活，在37℃条件下可存活7~9天。在阳光直射下30分钟死亡。2%的氢氧化钠和3%的石炭酸3分钟内可杀死病毒。

（二）流行病学

鸡、火鸡、珍珠鸡及野鸡对本病均易感，其中鸡的易感性最高。鸡感染后，从口鼻分泌物和粪便中排出病毒，发病期间能排出大量病毒，带毒鸡是造成本病继续流行的主要原因。本病主要经呼吸道和消化道感染，一年四季均可发生，以冬季最为严重，一旦发病，迅速流行，几乎造成全部鸡只发病，病死率可达90%（图7-20）。

图7-20　患新城疫病鸡

（三）症状

潜伏期 3~14 天，按临诊表现和病程长短，可分为最急性型、急性型、亚急性型或慢性型。

1.最急性型

见于流行初期或是雏鸡，突然发病，常无特征症状而迅速死亡。

2.急性型

较常见。体温升高达 43~44℃，精神委顿，食欲废绝，离群呆立，头、翅和尾下垂，闭眼如昏睡状，冠及肉垂成暗红色或紫黑色。流涎，不断抬头吞咽，呼吸困难，张口伸颈，常发出咕咕声。拉黄绿色或黄白色稀粪。2~4 天内死亡，病死率很高。

3.亚急性型或慢性型

病初症状与急性型大致相同，不久后逐渐减轻，同时出现神经症状，头向后仰或偏向一侧，翅下垂，腿麻痹，常伏地旋转，动作失调，反复发作，重者瘫痪，多经 10~20 天死亡。此型多见于流行后期的成年鸡，死亡率较低。

（四）诊断要点

根据流行病学、临诊症状和病理变化（主要为消化道黏膜出血，尤以腺胃最明显），进行综合分析，作出初步诊断。确诊需进行实验室检查，病毒分离鉴定等。

（五）防控措施

1.平时做好预防

不从疫区引进种蛋和雏鸡，防止带毒动物和污染物品进入鸡场，注意鸡舍、场地、用具和车辆的定期消毒。

2.搞好预防接种，主要有以下几种常用的疫苗

Ⅰ系苗：中等毒力的活苗，用于 6 月龄以上的鸡，多采用肌肉

注射或饮水方法接种，也常用于紧急预防接种。注意：该疫苗毒力较强，注射剂量要准确，大剂量会引起鸡的不良反应。

Ⅱ系苗、Ⅲ系苗、Ⅳ系苗和 V4 株苗：都属于弱毒活苗，大小鸡均可使用，多采用滴鼻、点眼、饮水和气雾等方法接种。

油乳剂灭活苗：安全、易保存，免疫效果好，可用于各种日龄的鸡。

免疫程序：

5~7 日龄	首免	新城疫Ⅳ系	滴鼻或点眼或者饮水
17~20 日龄	二免	新城疫Ⅳ系	饮水加量 100%
70 日龄	三免	新城疫Ⅳ系	饮水加量 100%
110 日龄	四免	新城疫灭活苗	肌内注射 0.5 毫升
180 日龄	五免	新城疫Ⅳ系	水加量 100%

需要注意：

新城疫的免疫常常同传染性支气管炎疫苗联合应用，市场有新城疫和传染性支气管炎的联苗。

新城疫免疫的时间根据抗体检测的结果确定。

二、鸡痘

鸡痘是由鸡痘病毒引起的一种急性、热性、接触性传染病。

（一）病原

鸡痘病毒存在于皮肤和黏膜的病灶中。病毒对自然环境抵抗力强，阳光直射可以存活数周，痘结节和皮屑中的病毒在干燥环境能保持几年。60℃时需要 1.5 小时才能杀死病毒，低温条件下能存活数年。对 1% 的火碱水和 1% 的醋酸水敏感。腐败环境中，病毒很快死亡。

（二）流行特点

1.各日龄、品种和性别的鸡都会感染鸡痘，以雏鸡和青年鸡最常发病

雏鸡死亡率高，严重的鸡群死亡率达到50%以上。一年四季都可以流行，但以秋季和冬季最为严重，秋季和早冬以皮肤型的鸡痘为主，冬季流行黏膜型鸡痘为主。

2.诱发和加重本病的因素

① 鸡舍通风不良、阴暗潮湿，粪便发酵等。

② 鸡体外寄生虫如螨虫、羽虱等，以及吸血昆虫叮咬如蚊子等。

③ 营养不良：缺乏维生素如维生素 A、生物素、矿物质等。

④ 饲养密度大，鸡群过分拥挤。

⑤ 继发于传染性鼻炎、慢性呼吸道病。

（三）鸡痘的症状

鸡痘的类型：皮肤型、黏膜型和混合型鸡痘三种。

1.皮肤型

特征是发生在鸡无毛或少毛部分，特别是鸡冠、肉髯、眼睑、喙角等处，亦可见于泄殖腔周围、翅膀下等处。出现灰白色小结节，逐渐形成红色小丘疹，增大如绿豆大的痘疹，呈黄色或灰黄色，凹凸不平，呈干燥的突出于皮肤表面的结节（图7-21）。痘疹融合形成表面干燥、粗糙呈棕褐色的疣状物。痘疹存留3~4周后脱落，留下一个灰白色平滑的疤痕。患病产蛋鸡产蛋率下降。

2.黏膜型

特征病变主要在口腔、咽喉和气管黏膜表面。最初为鼻炎症状，2~3天后黏膜表面形成一个黄白色小结节，突起黏膜表面，继而结节增大并融合在一起，形成一层黄白色干酪样的假膜，它是

（a）　　　　　　　　　　　　（b）

图7-21　患皮肤型鸡痘病鸡

由坏死的黏膜组织和炎性渗出物融合在一起凝固而成，很像人的"白喉"。撕去假膜，可见红色的溃疡面。假膜堵塞喉头气管会发生严重的呼吸困难，并采食量下降，体质快速衰弱，引发病鸡死亡（图7-22）。另外，鸡痘病毒侵害到眼和鼻时，发生结

图7-22　患黏膜型鸡痘病鸡

膜炎，鼻孔流出水样分泌物，以后变成淡黄色浓稠的浓液，堵塞鼻孔，用力挤压可以挤出脓性液体。有的病鸡眶下窦能够挤出干酪样物质。有的病鸡会引发角膜炎而失明。

3. 混合型

特征是皮肤型和黏膜型的鸡痘同时发生（图7-23）。

图 7-23 患混合型鸡痘病鸡

（四）诊断

眼观检查鸡的头部、翅膀下、泄殖腔周围无毛或少毛处，看到痘就可以确诊。

检查鸡的口腔，用手掐卡住鸡的脖子，用拇指向口腔的方向顶喉头，鸡嘴会自然张开，检查是否有假膜，进行确诊（喉头检查方法见传染性喉气管炎）。

（五）预防和治疗

1.免疫程序

10 日龄免疫一次，120 日龄免疫一次。免疫方法是刺种，7 日后检查免疫部位，有结痂或红肿的现象说明免疫成功，反之免疫失败，需要重新刺种免疫。

2.治疗

黏膜型鸡痘用清洁的镊子小心剥离假膜，然后用 1% 高锰酸钾水清洗后，涂碘甘油或鱼肝油等物质。对于有结膜炎的病鸡，可以用眼药水对症治疗。皮肤型鸡痘不严重的可以不进行处理，严重的剥离痘痂后涂紫药水。

3.综合性预防措施

（1）定期做好疫苗的接种工作。

（2）秋季和冬季要用 1%~2% 的火碱水对环境和鸡舍彻底消毒一次。

（3）夜间检查鸡的体表，是否有螨虫或羽虱寄生，及时杀灭体表寄生虫。

（4）搞好鸡舍内的环境卫生，定期清扫粪便，经常通风换气，确保鸡舍卫生、干燥和良好的空气质量。

（5）保证鸡正常的营养需要，发生鸡痘时要增加维生素 A 和生物素的给量。

（6）对于发病鸡群要投服抗生素预防慢性呼吸道疾病的发生。

（7）降低鸡舍饲养的密度，安装栖架让鸡在栖架上休息。

（8）剥离的痘痂要进行焚烧，严禁随意丢弃而发生散毒。

三、传染性支气管炎

由传染性支气管炎病毒引起的一种急性、高度接触性的呼吸道传染病。特征是病鸡咳嗽、打喷嚏和气管啰音。雏鸡还可出现流鼻液，产蛋鸡产蛋率下降 20%~50%，鸡蛋质量改变。

（一）病原

支气管炎病毒存在于呼吸道的渗出液中，对热敏感。56℃时，15 分钟即可杀死病毒，对低温不敏感存活时间能达到 20 年。对消毒药抵抗力不强，可以用 1% 高锰酸钾、1% 福尔马林及 75% 的酒精均可以在 3~5 分钟内将病毒杀死。

（二）流行特点

本病只感染鸡，尤其是 40 日龄以内的鸡，死亡率高。秋冬季节易流行本病，病源通过呼吸道传播本病，病鸡呼吸道渗出物污染饲料饮水也可经过消化道传播。传染后 48 小时鸡只就会出现症状。

诱发因素：湿度大鸡舍拥挤；天气冷鸡只受到寒冷的刺激；天气过热鸡只产生热应激；鸡舍内空气质量差，封闭相对比较严的鸡舍通风换气不良；营养物质缺乏如缺乏维生素和矿物质，或者饲料供应量不足导致营养不良。

（三）临床症状

分为呼吸型和肾脏型传染性支气管炎。

1. 呼吸型支气管炎典型症状

突然发病并迅速波及全群，幼龄鸡伸颈、张口呼吸、咳嗽、打喷嚏、流鼻涕；扎堆怕冷。两周龄以内病鸡除呼吸困难症状外，还见有鼻窦肿胀，流黏液性鼻液。部分鸡可见结膜炎、羞明流泪。病鸡逐渐消瘦。两月龄以上及成年鸡，呼吸困难、咳嗽、打喷嚏，气管有啰音，鼻腔没有分泌物。产蛋鸡产蛋量下降，高的可下降50%，产软壳蛋和畸形蛋，蛋清稀薄如水。

2. 肾脏型传染性支气管炎典型症状

肾脏肿大，肾小管和输尿管内充满尿酸盐结晶，俗称"花斑肾"，输尿管有时形成结石（图7-24）。

（四）诊断

传染性支气管炎剖检在气管下部或支气管中可见到干酪样的栓子，肾型支气管炎可见

图7-24 肾脏肿大尿酸盐沉积

肾脏肿胀有尿酸盐沉积。发生新城疫的病鸡产蛋率下降比传染性支气管炎幅度更大。传染性喉气管炎传播速度慢，呼吸困难症状更严重。传染性鼻炎可以根据眼睑肿胀与传染性支气管炎区别。减蛋综合征和传染性支气管炎均引起产蛋量下降并生产畸形蛋，但是减蛋综合征的鸡蛋内品质没有改变，传染性支气管炎蛋清稀薄如水。

（五）综合性防治措施

1. 对散养蛋鸡进行免疫接种

免疫程序：

首免　5~7日龄　传染性支气管炎H120　加倍量饮水；

二免　15~17日龄　传染性支气管炎H120　加倍量饮水；

三免　60日龄　传染性支气管炎H52　加倍量饮水；

四免　120日龄　传染性支气管炎油苗　肌肉注射0.5毫升。

2.对症治疗

（1）应用抗生素预防和治疗气囊炎。

（2）饮水中加入电解质，降低因肾炎造成的损失。

（3）寒冷季节提高鸡舍的温度，减轻寒冷的应激反应。

（4）降低鸡群的饲养密度，确保空气质量。

四、传染性喉气管炎

传染性喉气管炎是由喉气管炎病毒引起的鸡的一种急性、高度接触性上呼吸道传染病，以呼吸困难、喘气、咳出血样渗出物为特征。

（一）病原

喉气管炎病毒对外界环境的抵抗力不强，对热和各种普通的消毒液均敏感。55℃时存活10~15分钟，煮沸立即死亡。常用的消毒液均可杀死病毒，3%的来苏儿和1%的火碱水1分钟即可杀死病毒。对低温不敏感，在 −20℃可以长期存活。

（二）流行病学特点

病鸡和康复后的带毒鸡以及无症状的带毒鸡是主要的传染源，经过呼吸道和眼睛传播，也可经消化道感染。各种年龄和品种的鸡均可感染，以育成鸡和成年鸡多发。

感染率高可达到90%~100%，死亡率一般在10%~20%，最急性型死亡率可达到50%~70%。

鸡群密度大拥挤，粪便发酵空气污浊鸡舍通风不良，饲料缺乏维生素或者感染寄生虫病均可促进本病的发生和传播。

（三）临床症状

病鸡初期有鼻液，半透明，眼睛羞明流泪。其后表现为特征性呼吸道症状，呼吸时发出湿性啰音，咳嗽有喘鸣音，病鸡蹲伏在地面或栖架上，每次吸气时头和颈向前向上，张口尽力吸气，病鸡发出"咯、咯"的叫声。严重的病例呼吸高度困难，痉挛咳嗽，可咳出带血的黏液，甩头，有时鸡舍的墙壁上被甩上带血的分泌物，部分病鸡因窒息死亡。产蛋率下降或停止。采食量降低或停止，病鸡衰竭死亡。

（四）诊断

1. 检查鸡的喉头

助手抓住鸡的腿和翅膀保定好鸡，检查者抓住鸡的颈部，用拇指向口腔顶喉头（图 7-25）。鸡不能呼吸时会张开口腔，可观察到鸡的喉头和鸡上部气管，观看是否有炎症和出血，以及是否有干酪样物质堵塞。

图 7-25　喉头检查方法

2. 育成鸡和成年鸡多发

鸡群发病迅速，感染率达到 90% 以上。

3. 严重的鸡只呼吸困难

蹲伏于地面或栖架上，伸颈甩头，咳出带血的黏液。

（五）综合性防治措施

1. 预防接种

传染性喉气管炎免疫可以在 35 日龄免疫一次。

注意：该疫苗毒副作用强，很多鸡只在免疫后出现免疫反应如鸡羞明流泪，采食量和饮水量下降。所以饮水免疫时根据免疫鸡只的数量，加量不要超过 50%。

另外，未发生过传染性喉气管炎的地区可以不做传染性喉气管炎的免疫，因为免疫鸡群容易散毒，而污染环境。

2. 对症治疗

应用抗生素如卡那霉素、链霉素、泰乐菌素等，预防其他细菌的继发感染。选择镇咳平喘的中草药方剂。

麻黄30克、杏仁30克、陈皮30克、甘草30克、苏子60克、半夏60克、前胡60克、桑皮60克、木香60克。

按每只鸡5克计算方剂的总药量，煎汤或者拌到饲料混合饲喂。

3. 对有寄生虫病的鸡群，要进行驱虫

制定寄生虫的驱虫的程序，定期驱虫。

五、鸡支原体病

鸡支原体病是由败血支原体引起鸡的一种接触性慢性呼吸道传染病，其特征为病程长，病变发展慢，因此又被称为慢性呼吸道病。

（一）病源

鸡支原体对外界环境抵抗力不强，一般的消毒液均能将其杀死。加热45℃存活1小时，加热50℃20分钟即可被灭活。耐受寒冷比对热的抵抗力强得多，−20℃可以存活3年以上，因此，寒冷季节本病多发。

（二）流行特点

各种年龄的鸡都可感染，尤其以1~2月龄的鸡感染严重，且比成年鸡死亡率高。该病一年四季均可发生，但仍是寒冷的气候多发，在10月至翌年的1月发病最多。

发病原因：鸡舍温度忽高忽低；饲养密度大，鸡舍通风不良，舍内氨气浓度高，粉尘多；鸡舍潮湿阴冷；免疫接种等应激反应；

突然变换饲料；在发生新城疫或传染性支气管炎时继发该病。单纯感染死亡率低，与大肠杆菌等病并发感染时死亡率达到30%。

（三）临床症状

雏鸡患病时，流鼻涕、咳嗽、窦炎、结膜炎以及气囊炎，呼吸道啰音，生长停滞（图7-26）。青年鸡采食量减少，发育迟缓，时有咳嗽、喷嚏和呼吸啰音。鼻液增多，鼻孔周围明显的污垢，眼睑肿胀，眼眶内有干酪样渗出物；鼻道气管和支气管有卡他性炎症，鼻炎和气囊炎。伴随大肠杆菌时出现肝周炎、心包炎等。

（a）气囊增厚　　　　　　　　　（b）正常气囊透明

（c）结膜炎

图7-26　患鸡支原体病特征

（四）综合防治措施

1.加强饲养管理，改善环境条件

定期清扫鸡舍，清除粪便，清扫完毕后进行消毒。保持鸡舍适宜的湿度和新鲜空气，避免氨气和硫化氢等有毒气体对鸡呼吸道的刺激。

2.购进雏鸡要从正规的场家购买

因为有该病的种鸡会垂直转播给子代的鸡。

3.使用抗生素进行治疗

链霉素、泰乐菌素、红霉素、北里霉素、环丙沙星等有很好疗效。青霉素和磺胺类药物对该病无效。

六、大肠杆菌病

大肠杆菌病是由大肠埃希氏菌引起鸡的一种常见病，包括大肠杆菌肉芽肿、腹膜炎、肝周炎、心包炎、气囊炎、脐炎和滑膜炎等疾病。

（一）病原

该菌普遍存在于粪便、污水和腐败物中，在空气中可以长期存活，老鼠的粪便中经常含有致病性的大肠杆菌。

（二）流行病学特点

1.本病各种年龄的鸡均可感染

雏鸡和育成鸡表现为急性败血症，成年鸡表现气囊炎和多发性浆膜炎。秋末和冬季寒冷季节易发生该病。

2.发病原因

（1）饮水不卫生，被含有大肠杆菌的粪便或其他物质污染。

（2）饲料污染大肠杆菌。

（3）鸡舍通风不良，空气污浊，易诱发该病发生。另外，很多呼吸道疾病应激反应也会继发该病。

（4）饲养密度过大拥挤。

（三）大肠杆菌病症状

（1）感染呼吸道时表现明显的呼吸道症状，如呼吸困难、咳嗽、气管啰音等。打开腹腔有难闻的腥臭味，可见腹膜炎、心包炎、肝脏表面有纤维素性渗出物形成的包膜，气囊壁增厚、肠道浑浊，内有干酪样物质（图7-27）。

图 7-27　心包炎和卵黄性腹膜炎

（2）感染肠道时发生肠道卡他性炎症，小肠部分有大量的黏液；下痢呈灰白色或浅绿色。剖检可见腹膜炎，心包炎，肝周炎等症状，偶尔发现鸡在盲肠形成肉芽肿。

（3）感染眼部时鸡发生全眼球炎，经常是一只眼睛的眼前房积脓，眼睛失明。

发病鸡死亡率高，仅有少部分能康复，大多数鸡只很快死亡（图7-28）。

（4）感染关节时发生关节炎，多为大肠杆菌传染期过后的后遗症，病鸡关节肿胀，维持慢性感染，并且炎症会使鸡体况逐渐恶化。

图 7-28　鸡发生全眼球炎

（四）防治措施

（1）搞好环境卫生，每天清理粪便并进行堆肥发酵，清理完后进行消毒。

（2）饮水器定期消毒，夏天每天消毒一次，冬天隔日消毒一次。

（3）注意饮水清洁，防止粪便污染。

（4）鸡舍设计时要注意通风换气，改善鸡舍内空气的质量。

（5）注意鸡舍保温，预防呼吸道疾病的发生。

（6）预防性给药，在育雏5日龄前，在饲料或饮水中加入抗生素，如氨苄青霉素、新霉素、卡那霉素等。另外，提高育雏期间的温度，提高饲料蛋白质的含量，避免饥饿可以增强鸡体对大肠杆菌的抵抗能力。

（7）饲料中提高维生素E水平也能增强鸡只抗病能力。

七、鸡传染性鼻炎

鸡传染性鼻炎是由鸡嗜血杆菌引起的一种急性呼吸道传染病。主要表现在鼻腔炎、鼻窦炎、流鼻涕、颜面和肉垂水肿，产蛋率下降10%~40%，淘汰鸡增多。

（一）病原

鸡嗜血杆菌和鸡副嗜血杆菌是革兰氏阴性的小杆菌，对外界环境抵抗力不强，对热和消毒液非常敏感，自然条件下45℃、6分钟灭活，普通消毒液可迅速杀死该菌。

（二）流行特点

本病多发生于产蛋的鸡群，青年鸡亦可发病。发病具有来势凶猛，传播快的特点。尤其是在饲养密度较大时，3~5天就可席卷全群。该病主要发生在冬季和早春寒冷的季节，夏季较少发生。

发病原因：由于饲养管理不当，如把不同日龄的鸡只混养；鸡舍通风不良使氨气浓度过大；饲养密度大，鸡只过分拥挤；细菌性疾病如大肠杆菌病或慢性呼吸道病等均会使鸡继发该病；病毒性疾病如新城疫和慢性呼吸道疾病等继发该病。

（三）临床症状

病鸡食欲明显下降；鼻腔和鼻窦有浆液性和黏液性分泌物，流鼻涕，病鸡甩头，呼吸困难，有啰音；颜面浮肿，部分鸡只肉髯水肿；有时鸡伴有结膜炎。鸡群发病一周左右产蛋率明显下降。育成鸡发病主要表现生长发育受阻。发病初期很少见鸡只死亡，但当产蛋率开始回升，鸡群精神状态开始恢复时，鸡群的死亡和淘汰率增加。

（四）临床诊断

传染性鼻炎发生迅速，传播快，发病早期会发现颜面和肉垂的水肿，产蛋量明显下降是该病的主要特征。传染性支气管炎与之类似但是没有颜面和肉垂浮肿的症状。传染性喉气管炎呼吸困难症状明显，且在疾病发生的早期就有鸡只死亡的现象，另外喉气管炎病鸡会咳出带血的分泌物。

（五）综合性防治措施

（1）加强饲养管理，改善鸡群环境卫生条件，鸡群密度不可过大，避免拥挤。

（2）不同日龄的鸡不能混养，同一鸡场有不同日龄的鸡要采取相应的隔离措施。

（3）发病鸡用抗生素或磺胺类药物进行治疗，注意磺胺类药物会降低产蛋鸡的产蛋率，应该慎用。

（4）康复鸡均是带菌鸡，发病鸡群康复后会因自身抵抗力减弱或外界恶劣的环境而复发，所以要加强平时的饲养管理。

（5）做好免疫和防疫工作，预防大肠杆菌病、慢性呼吸道疾病等疫病的发生。

八、啄癖

（一）发病原因

1. 鸡有外伤出血或脱肛

2. 鸡群密度大

鸡群拥挤，尤其在鸡舍通风不良、潮湿、室内温度高时容易发生。

3. 鸡舍光照强度大，光照时间长

4. 营养缺乏

日粮营养不均衡而缺乏蛋白质、维生素或微量元素等，致使鸡营养缺乏。或者因为饲喂量不足，摄入营养不能满足生理需要。

5. 鸡的品种原因

部分鸡品种存在缺陷，鸡容易发生啄癖，如"京白939"产蛋时容易脱肛，被其他鸡啄食，导致鸡失血死亡。

（二）主要症状

1. 啄羽毛

鸡翅膀羽毛和尾根部羽毛被其他鸡啄食。

2. 啄肛门

鸡泄殖腔周围有污染物或脱肛时，被其他鸡啄食如引起出血，因鸡对红色非常敏感，会引发其他鸡追逐啄食（图7-29）。注意鸡发生法氏囊炎病时，因为法氏囊发炎引发鸡肛门部位痛痒，鸡也有自己啄食肛门的现象，要加以区别。

图7-29　肛门被啄后流血

3. 啄趾啄冠

雏鸡容易发生啄趾和啄冠现

象，尤其在饲养密度大时容易发生。

（三）防治措施

1. 提供营养丰富的日粮

散养蛋鸡日粮营养不全和采食量不足是诱发蛋鸡啄癖的主要原因。因此，要满足鸡对蛋白质尤其是限制性氨基酸的需求，还要满足鸡对能量、维生素和微量元素的需求。可以用多种原粮以及原粮的副产品混合，还要提供丰富的青绿多汁饲料，形成营养的互补。另外，饲料加工和存储得当，减少营养的损失，如夏季可以对青绿饲料进行发酵，然后饲喂鸡。对于不同阶段的散养蛋鸡要根据鸡的采食量，定时定量供给鸡日粮，同时要有足够的料槽，保证80%以上的鸡能同时采食。

2. 降低饲养密度

合理的饲养密度能保证鸡生长发育正常，预防啄癖的发生。要根据鸡的不同阶段和体重来确定鸡的养殖密度，尤其是育雏阶段合理的密度不但有利于预防啄癖，还有利于鸡舍的保温，育雏密度详见雏鸡饲养管理。

3. 单独饲养病鸡

在鸡舍隔离出一个区域，对被啄伤的病鸡进行单独的饲养管理。啄食的伤口处可以涂紫药水，不但能消炎还能吸收伤口的渗出液，促进伤口的愈合。

4. 改善鸡舍的环境

通风换气。定期（每天或每周）清除鸡舍的粪便，减少氨气和其他有害气体对空气的污染。安装风机，增加通风窗口的面积，开设天窗或建四周为花墙的鸡舍等，加大鸡舍通风换气量，保证鸡舍空气新鲜。

散养蛋鸡要制定科学合理的光照程序，根据日龄和季节来调整

鸡舍的光照强度和光照时间，详见饲养管理光照部分。

5.断喙

啄癖严重的鸡群可以进行断喙，是预防啄癖最有效的方法。在9~11日龄和105日龄进行两次断喙，用热的烧灼刀片除去上下喙的一部分。注意：因为散养蛋鸡需要到自然环境中采食，除非特别严重的啄癖鸡群采用，一般不采用该方法，或者仅仅去掉上下喙尖锐的部分。

6.给鸡"戴眼镜"

市场可以购买到为克服鸡啄癖而设计的"眼镜"，适合啄癖严重的鸡群来预防啄癖（图7-30）。

图7-30 鸡戴眼镜防啄癖

参考文献

甘肃农业大学和南京农业大学 . 1992. 动物性食品卫生学 [M]. 北京：
　农业出版社 .

卡尔尼克 [美]. 1991. 禽病学 [M]. 北京：北京农业大学出版社 .

王凤山，陈余 . 2012. 散养蛋鸡实用养殖技术 [M]. 北京：中国农业
　科学技术出版社 .

杨宁 . 2009. 蛋鸡技术 100 问 [M]. 北京：中国农业出版社 .